数感大爆炸

重塑孩子的数学思维

张赛赛◎著

中国铁道出版社有限公司
CHINA RAILWAY PUBLISHING HOUSE CO., LTD.

图书在版编目（CIP）数据

数感大爆炸：重塑孩子的数学思维 / 张赛赛著 .

北京：中国铁道出版社有限公司，2024. 11（2024.12 重印）. -- ISBN
978-7-113-31401-9

Ⅰ. O1–49

中国国家版本馆 CIP 数据核字第 2024RC1636 号

书　　名：**数感大爆炸：重塑孩子的数学思维**
SHUGAN DA BAOZHA: CHONGSU HAIZI DE SHUXUE SIWEI

作　　者：张赛赛

责任编辑：巨　凤　　　　　　　　编辑部电话：（010）83545974
编辑助理：刘朱千吉
装帧设计：仙　境
责任校对：苗　丹
责任印制：赵星辰

出版发行：中国铁道出版社有限公司（100054，北京市西城区右安门西街 8 号）
印　　刷：河北宝昌佳彩印刷有限公司
版　　次：2024 年 11 月第 1 版　2024 年 12 月第 2 次印刷
开　　本：710 mm×1 000 mm 1/16　印张：16　字数：239 千
书　　号：ISBN 978-7-113-31401-9
定　　价：69.00 元

48÷37.5 等于多少？36×48 =1 328 结果正确吗？如何把 0.23 转化为分数？5 265÷39 等于多少？1 444 是哪个数的平方？18×9 和 19×8 究竟谁更大？如何从 23、26、29、32、35 中挑选四个数填在 □ 内，使得 □ + □ = □ + □ 成立？

如果你的数感足够优秀，那么你将无需笔和纸，回答这些问题如同呼吸般轻松自然……

你对数感这个词或许有些陌生，虽然它在各类书籍和网络平台上出现的频率并不高，但它却是小学数学学习中需要培养的一项重要能力。

数感到底是什么呢？顾名思义，数感就是对于数字的直觉感知，是在数学的学习过程中不断积累起来的一种接收和处理数据信息的能力。数感使我们能够敏锐地发现、拆解、组合数字，并建立起数字间的紧密联系。当这些经验转化为直觉时，我们不仅能拥有强大的计算能力，更能深化数学思维，实现数学能力的持续进阶。数感是计算的灵魂，源于计算却高于计算。

那么，传统的计算练习是否足以构建出良好的数感呢？很可惜，对于绝大多数孩子来说，答案是否定的。

培养数感，除了扎实的基础外，还需要一些特别的引导与启发。这本书将给你带来神奇的魔法！就好比春日里的花朵，虽在眼前姹紫嫣红，争奇斗妍，但若想结出丰硕饱满的果实来，还需要春风春雨的滋润。

我写这本书的初衷，是希望帮家长们为孩子们提供系统、科学的数感培养方法。要想把小学阶段的数感培养精髓浓缩进一本书里，实在是一个大挑战：

既要言简意赅，节省读者的宝贵时间，又要讲透重点；既要营造轻松愉快的阅读氛围，又要保持严谨的逻辑；既要适合低年级小读者的阅读能力，又要满足高年级大同学想短时间提升计算能力的需求。

本书共12章，适合亲子共读。其中，前两章和第十二章是写给家长的，提出了一些需要家长关注的问题和需要改变的观点；第三章到第十一章是亲子共读的内容，家长可以和孩子共同学习，交流心得，互相碰撞出思维的火花，这也是我所推荐的；而对于学有余力的小读者，也完全可以独立学习。

这9章中，包含了亲子探索、知识总结、家庭挑战、能力拓展和家长小提示五个模块："亲子探索"意在通过创建有趣的情景，激发读者的好奇心和求知欲；"知识总结"从探索性学习的角度出发，帮助读者找到解决问题的灵感；"家庭挑战"和"能力拓展"则提供了由浅入深、有针对性的习题，帮助读者充分掌握知识点；"家长小提示"则对每小节的设计意图、重难点和易错点进行了详细的解读，为家长提供了辅导孩子的指导建议。

希望本书能成为小读者和大读者的数感敲门砖。一道道精心设计的数学问题，像是一团团花花绿绿的橡皮泥，我鼓励大家去将它们随意揉捏组合成自己喜欢的形状，打开数学思维的大门，高效提升数学能力；同时，也希望它能成为帮助家长辅导孩子数学的"神兵利器"。让我们一起在数学的世界里遨游吧！

为了提升本书的互动性并确保习题解答的正确率，本书提供了部分习题的参考答案，供家长和孩子们在完成练习后自行核对。以下是参考答案的网址，二维码见右侧。

http://www.m.crphdm.com/2024/0722/14760.shtml

第十二章　学习数学的碎碎念

第一章 令人头疼的数学

第一节 数学是我们的噩梦吗

辅导孩子的数学功课，是一件令家长们头疼的事：

- 一个看似简单的问题，给孩子讲了三五遍，却还是不懂；
- 讲了半天孩子终于听懂了，让他自己做，仍然没思路；
- 孩子这道题做对了，题目稍微一变形就又不会了；
- 孩子做作业速度慢，严重拖沓；
- 孩子懒得动脑子；
- 孩子没有求知欲；
- 孩子经常算错数；
- 孩子应付作业，得过且过。

家庭冲突一触即发……

接下来是一大堆的批评和指责。你开始怀疑孩子不够努力，于是给他布置了更多的学习任务；你精心策划的题海战术，使孩子越来越惧怕数学，并久而久之产生了厌倦的情绪，这又继续导致孩子数学成绩的进一步下降。于是，亲子之间陷入了恶性循环。

请先来反思一下我们的引导方式吧！

事实上，许多大人眼中的简单问题，对尚且是"一张白纸"的孩子来说，充满了未知与陌生。

孩子从不会到会，往往需要经历一个漫长的过程，这个过程有时候比我们预计的要长很多。请你"蹲"下来，尝试以孩子的视角来观察，摒弃固有观念，重新建立思维上的连接，感受数学的本质。

举个简单的例子：一只青蛙4条腿，那么100只青蛙有多少条腿？

你该如何把这道题讲给一个从来没学过乘法的孩子听呢？

用我们成年人的知识，显然这是一道只用一个算式就能解决的小问题：$4 \times 100 = 400$。可这对没有学过乘法的孩子来说，是难以理解的。

下面请你屏蔽熟悉的乘法，使用最简单、最原始的加法，陪孩子一起来思考吧！

用加法列出的算式可能是这样的：

$$\underbrace{4 + 4 + \cdots + 4}_{100个4} = ?$$

这个式子本身没有错，就是写起来比较麻烦。脱离了乘法，我们只好把思考过程中所涉及的结果逐个列出来，相当于4个4个数100次：4，8，12，16，20，…

是不是觉得头很大？

别急，请让我们从孩子的角度出发，重新激活认知，把道理用最形象、最有趣、最好理解的方式呈现出来。

我们大人都知道，根据乘法的含义，4×100 可以有两种理解方式：100个4和4个100。相应的表达式为 $4 \times 100 = \underbrace{4 + 4 + \cdots + 4}_{100个4} = 100 + 100 + 100 + 100$。

那么如何讲给孩子听呢？这就是展现我们大人的智慧的时候了。

"让青蛙们排好队，不许捣乱，听我口令！"

"请全体青蛙伸出左前腿！""唰"，整齐划一，100只青蛙伸出了100条左前腿。你在纸上写了个 100；

"再请全体青蛙伸出右前腿！"这是又加上了 100 条右前腿，别忘记也写在纸上；

"下面，请伸出左后腿！"又加了 100 条腿。瞧，多乖的青蛙啊；

"最后，请伸出右后腿！"纸上一共写出了 4 个 100。把它们加起来，所以 100 只青蛙有 400 条腿。大功告成了！

通过这样的引导，相信孩子肯定能快速说出答案，并从中获得满满的成就感。瞧，笑容正悄然绽放在他粉扑扑的小脸蛋儿上。

他刚刚解决了一个复杂的数学问题，这真令人赞叹，数学世界原来如此神奇！

而我们，即使拥有丰富的知识与经验，也应该"俯下身"来，用简单易懂、生动有趣的语言把知识讲给孩子听，这正是激发他们思维的关键！

这样学数学，孩子将收获更多的快乐和自信。让我们和孩子一起来把数学玩起来吧！

第二节　数学思维从何而来

所谓的"数学思维"，指的是"从数学的角度去思考并解决问题的一种思维活动"。作为家长，我们该如何引导并培养孩子的数学思维呢？

实际上，对于不同年龄段的孩子来说，培养他们数学思维的侧重点也不同。

比如在幼儿启蒙阶段，数学思维需要从数数开始。把孩子日常生活中接触的具体的物品转化为抽象的数字概念，对于刚接触数学的孩子来说，确实是一个不小的挑战。

随着孩子进入小学阶段，数学思维的培养则需要涵盖更多维度。这时，家长应引导孩子发展如转化思维、类比思维、逻辑思维、规律思维、分类思维、图形思维、逆向思维、创新思维等多种思维能力。这些思维能力往往是相互交织、螺旋上升的。通过长期的思考和训练，孩子的数学思维将会不断地提升。

1. 数学思维在曲折中前行

对于绝大多数孩子来说，数学思维主要依赖于后天的教育和培养。在幼儿阶段和小学低年级，孩子们的数学思维起点其实很接近，然而随着时间的推移，由于努力程度和学习习惯的不同，思维能力的差异会越来越大。

数学思维能力的提升，就像爬台阶一样，需要从低到高经历许多递进的层级。在每一层级之间，都设有挑战与难关，这就促使孩子们要保持持续的学习热情，勇于突破思维的既定框架，迈向更高的层级。只有不断经历"不会"→"够得到"→"轻松够到"的过程，数学思维才能不断攀升，达到新的高度。

2. 数学思维在错误中精进

"失败乃成功之母"，这句话形容数学学习再合适不过了。每个孩子在学习过程中都会犯错，而对待错误的处理方式不同，学习的结果也不同。在错误中学会反思，将会有意想不到的收获。

当孩子出现错题时，我们应该如何引导他们呢？许多家长可能只是简单地让孩子自行改错，再重新书写一遍正确过程，以为这样就够了。实际上，这只是停留在改错的第一个层次：简单修正。这样浅层的修正缺乏更深层的思考和反省，因而孩子从错误中得到的收获与进步将很有限。

其实，每一次犯错都是一个宝贵的学习机会，都值得我们去珍惜、去重视。我们应该鼓励孩子通过一道错题，去发现更多的解题思路与方法，领略数学之路上的更多风景，从而在数学学习的道路上走得更远、更稳，这样才能让孩子的数学思维不断得到锻炼和提升，真正达到精进的地步。

打个比方，请看下面这道题：

请先用计算器算出前三个算式的得数，再根据规律直接写出后面的得数。

算式	孩子的答案	正确答案
9999 × 1111 =	1111108889	11108889
9999 × 2222 =	2222177778	22217778
9999 × 3333 =	3333266667	33326667
9999 × 4444 =	4444355556	44435556
9999 × 5555 =	5555444445	55544445
9999 × 8888 =	8888711112	88871112

很明显，这六个算式的得数，孩子全都写错了。根据题目要求，前三个算式是基于计算器得到的结果，而后面三个则是孩子根据前面算式的规律自己推断出来的。和右侧的正确答案相比，孩子写的每个得数都多了一位数，这说明了什么？在改错的过程中又有什么值得我们反思和总结的教训呢？

我们一眼就能发现，孩子的问题主要是对数字的位数处理不当。由于前三道题从计算器上抄错了结果，导致孩子发现的规律也错了，进而影响了后面三道题的解答。

表面上看，这只是一个简单的数字抄写错误，不值得大惊小怪。可是如果我们深入剖析，就能发现这背后反映出孩子在知识体系上的更多漏洞。其中一个最严重的漏洞是对于算式的结果缺乏应有的敏感性和洞察力。

顺着以下四点去反思，你将得到更多的收获。

第一，为什么会抄错数？

和正确答案相比，孩子出现了位数方面的错误，说明当孩子面对数量级比较大的数字时，就容易产生混乱。八位数的最高位是千万位，而九位数的最高位则是亿位。我国的读数习惯是以从个位向高位的顺序，每四位划分一个段落。因此，在从计算器上誊抄这样一长串数字的时候，首先应该确定得数的位数，并判断相关的数量级，而不是草率地直接抄写，这样才能避免类似的错误发生。

第二，能否估算？

我们可以把 9 999 近似看成 10 000，这样可以大概确定计算结果的取值范围，起到检验的作用。拿 9 999×2 222 举例，10 000×2 222=22 220 000，因此，即使通过估算也能知道对应的结果应该是小于 22 220 000 的一个八位数，绝不可能是九位数。另外，9 999×2 222 可以看成 10 000 个 2 222 减去 1 个 2 222，也就是 22 220 000−2 222，计算能力较强的孩子就能直接得出答案：22 217 778，通过这样的方式也能及时发现错误。

第三，能否利用数字特征粗检验？

能被 9 整除的数，有这样一个特点，它各个数位上的数字之和也能被 9 整除（具体原理请参见第六章）。本题中，每个算式都有相同的乘数 9 999，而 9 999 是 9 的倍数，这就说明每一组的乘积也应该是 9 的倍数。还是拿 9 999×2 222 举例，如果计算结果是 222 217 778，各个数位上的数字是由：四个 2、三个 7、一个 8 和一个 1 组成的，加在一起就是：$4×2+3×7+1+8=38$，由于 38 不是 9 的倍数，所以 222 217 778 也不是 9 的倍数。光是凭这一点也能发现问题。

事实上，判断 222 217 778 究竟是不是 9 的倍数，还有更巧的办法：2 和 7 凑成 9，1 和 8 凑成 9，结果中有三组 2 和 7，一组 1 和 8，另剩下一个 2。由于 2 不是 9 的倍数，所以 222 217 778 也不是 9 的倍数（详见第十一章）。当数字配对如此明显却仍无法第一眼看出来，说明孩子对于能被 9 整除的数的特征不够熟悉，至少未能学会合理利用。

第四，怎么利用反向思维？

反观孩子所写的 9 999×2 222=222 217 778，假如这个等式成立，根据乘法和除法的关联，我们可以稍加变形：9 999=222 217 778÷2 222，而被除数的前四位与除数完全一致都是 2 222，求出来的商的最高位应该是 1，和 9 999 相矛盾。从相反的角度想问题，可以锻炼孩子的思维能力。

除此之外，其实还能从更多维度去发现错误。比如根据被 11 整除的数的特点（参见第六章），也能起到检验作用。通过这些方法去反思错误，可以极大地提升我们的学习效率，起到事半功倍的效果。

所以在学习数学的道路上，不要害怕出错，而是要把错误当成一面镜子，帮我们更全面地了解自己，并从中汲取成长的力量。

3. 数学思维，大道至简，不一定非要做难题

很多人以为，孩子的主要困扰是数学中的难题，但事实并非如此。数学是一门层层递进、环环相扣的学科，任何一个基础知识点没有真正掌握，都会对思维的连贯性和流畅度造成影响。很多孩子不会举一反三，题目稍有变形就束手无策，其实就是因为他们对数学的基础逻辑和原理没有深入理解。

和难题相比，一些看似简单的问题更能反映出孩子的思维质量和灵活度。比如对于学过除法的孩子，您可以尝试这样考考他：

请根据以下问题列出式子
多少个6连续相加能得到54？
6个相同的数相加得到54，这个数是多少？
从54连续减6，总共减多少次就变成0了呢？
从54里连续减同一个数，减6次之后就变成0了，这个数是多少？
什么数的6倍是54？
6的多少倍是54？
把54平均分成6份，每一份是多少？
把54平均分成若干份，每一份都是6，能分成多少份？
……………

虽然这些表述方式千差万别，但是它们都对应着同一个算式：54÷6！怎

么样，孩子答对了吗？

别小看了这个问题，它虽然看似简单，但是要想真正理解它背后的原理可并不容易。很多小学低年级的孩子在数学方面表现出色，可是等到了三年级以后，他们往往会出现理解层面上的问题。一旦遇到应用题，他们就感到不知所措。尤其是在掌握了加减乘除基本运算后，他们在做应用题的时候反而困惑于使用什么符号。这其实就是由于孩子对运算背后的核心逻辑缺乏透彻的理解。

有道是"工欲善其事，必先利其器"，要想真正把数学学好，我们不应只着眼在复杂的问题上，而应深入挖掘简单问题的本质。当孩子做到这一点时，就已经超过 80% 的同龄人了。

4. 数学思维靠兴趣来发展

有这么一个现象，对数学感兴趣的孩子，往往会展现出比较出色的思维能力。热爱是一种动力，能源源不断地为我们提供能量。当我们真正喜欢做某件事时，成功完成这件事的概率就会显著提升。因为首先产生了兴趣，然后主动深入探索数学的奥秘，在探索的过程中，领略到更多关于数学的魅力与美好，进而更加热爱数学。这样的过程形成了一个良性的循环。

和其他学科相比，数学这门学科的故事性和趣味性或许并不突出，然而为何还有许多人对它情有独钟呢？究竟是什么带给了他们莫大的快乐呢？其实是因为他们体验到了思考的魅力。

5. 数学思维需要观察能力

不少孩子在解题过程中感到困惑，思路不够灵活，不知从何下手，其实就是在观察能力上有所欠缺。观察能力，就是面对问题时，能够迅速识别关键信息、发现解题线索的能力。

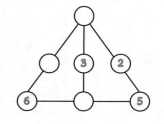

比如下面这道题：

请在圆圈内填入相应的数字，使每条直线上所连接的三个数之和都相等。

要解决这类问题，需要从两点进行分析：一是哪个算式中已知的数字最多；二是哪个空位上的数字参与运算的次数最多。这两者综合在一起，往往就是解题的突破口。

通过观察可以发现，图中对应了 4 个算式，空缺的数总共有 3 个。其中参与运算次数最多的是最上面的那一个，为了方便说明，我们把这三个空缺分别用 a，b，c 来表示。

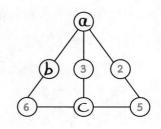

跟他们有关的算式有：

$$a+b+6 \quad a+3+c \quad a+2+5 \quad 6+c+5$$

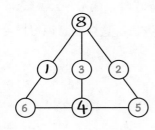

按照前面的思路，我们把目光停留在了第三个算式上，并把它与第一个算式直接用等号连接，得到下面这个算式：

$$a+b+6=a+2+5$$

奇迹发生了！虽然这个算式看起来并不直观，不过如果你找到了下面这个突破口，一切将迎刃而解：

由于等式左右都出现了 a，就可以把 a 直接消掉。

转化成：$b+6=2+5$

接下来一系列运算就非常简单了，我们能很快推出 $b=1$ 这个结论，再把它代入到跟 b 有关的所有式子中，就得到了全部答案。

6. 数学思维需要强大的计算基础

在数学学习中，计算能力与思维能力其实是相辅相成的，计算能力是思维能力的基础，思维能力对计算能力有着关键的指引作用。正如那句谚语所言："巧妇难为无米之炊"，如果把解决数学问题比作做饭，那么计算能力就如同食材中的米，而思维能力则如同用米煮饭的巧妇。因此，要想提升数学思维，先提升计算能力是关键！

然而，如何有效地提升孩子的计算能力呢？我们经常会观察到这样的现象：

很多孩子虽然在数学上花费了许多时间和精力，每天完成大量的习题，但效果并不明显，还是经常出现种种计算问题，做题的速度也难以提升。这往往是因为他们的学习方式存在问题。他们可能把计算简单地等同于机械笔算，甚至仅仅局限于列竖式，没有在这个过程中学会观察、思考和选择合适的计算方法。这样的学习方式导致计算和思维脱节，难以达到预期的效果！

实际上，竖式只是我们解决计算问题的一种工具，和计算器的作用大同小异，它并不能完全体现计算的精髓。对于缺乏观察能力、只会机械笔算的孩子来说，随着年级的升高，尤其是面对涉及小数和分数的复杂四则运算时，他们的计算思维将面临巨大的挑战。这是因为这些运算往往需要强大的观察能力、逻辑分析能力和数感。因此，我们要鼓励孩子面对一个算式时，首先学会观察，发现其中的数字特点和符号关系，再去选择合适的计算方法。这样的意识习惯越早养成越好。

第三节　如何培养孩子的数感

数感是计算的灵魂，源于计算却高于计算。数感好的孩子，看一眼算式就能发现它的特征，从而快速找到突破口。

请看右图中的竖式，你能发现其中的问题吗？这个结果究竟对不对呢？

除了重新算一遍以外，还有没有其他快速检查的方法呢？其实我们可以从很多角度来思考这个问题，这里先只列出几种，供大家自行体会。

$$
\begin{array}{r}
14 \\
\times\ 42 \\
\hline
28 \\
54\ \ \\
\hline
568
\end{array}
$$

方法一：第二个乘数的十位数字 4 是个位数字 2 的 2 倍，所以对应的竖式中，第二行的结果应该也是第一行的 2 倍。而图中 54 并不是 28 的 2 倍，这样就能推出这两行中至少有一个得数出现了计算错误。

方法二：42 是 3 的倍数，所以 14 与 42 的乘积应该也是 3 的倍数。被 3

整除的数有这样一个特点，它的各个数位上数字之和能被 3 整除（参见第六章）。而 568 中，5+6+8=19，19 不是 3 的倍数，就表明 568 也不是 3 的倍数，从这一点也能看出计算发生了错误。

方法三：运用积不变的性质，本题还有更快捷的计算方法。

根据积不变的性质，一个乘数乘以几，另一个乘数除以几，乘积不变。在 14×42 中，我们把 $14 \div 2$，42×2，这个算式就可以转化为：7×84，利用两位数 × 一位数的心算方法，就能直接得到 $7 \times 84 = 7 \times 80 + 7 \times 4 = 560 + 28 = 588$。

方法四：42 是 14 的 3 倍，所以 14×42 就可以转化为：$14 \times 14 \times 3$，也就是 $14^2 \times 3$。如果孩子对于 20 以内数的平方有了解，就能直接得出 14 的平方是 196，这样就把算式转化成了 196×3，它可以表示 196 个 3 是多少。因而我们可以这样操作：先算出 200 个 3 是 600，再减去 4 个 3，也就是 $600-12=588$。

类似的方法还有许多，同一个问题，我们完全可以从不同的角度引导孩子去思考，而这些努力挖掘的过程能够极大程度地提高孩子的数感，帮助孩子在数学之路上取得长足的进步。

第二章　家长如何做

小学阶段，是培养学习习惯的黄金时期。小学多陪、初中少陪、高中不陪，这是聪明家长的选择。尤其是小学中低年级的孩子，如果能得到家长有意识、有针对性的帮助，他们将受益无穷，影响深远。

第一节　有智慧的家长这样做

作为智慧的家长，其实只要做到以下几点就够了。

1. 树立正确的分数观

很多家长常常以考试成绩来评定孩子的数学能力，认为小学数学只要能得到 95 分以上就表明孩子学得很好，这种观念其实存在一定的误区。

虽然分数是检验孩子学习成果的重要指标，但它并不能全面反映孩子的实际能力。

小学数学相对而言比较基础，考试时间也较为宽裕，因此即使孩子得了 100 分，也并不能说明孩子的数学能力真的达到了满分。一旦遇到对孩子的思维要求更高、答题时间不充裕的情况，很多孩子在数学上的问题就会立刻暴露出来。

那么如何通过考试了解孩子的真正实力呢？我认为要从以下几点进行综合判断。

（1）答卷时间

两个孩子都取得了98分的好成绩，虽然分数相同，但是他们的数学实力却可能大相径庭。比如，一个孩子用20分钟就能完成整张卷子，另一个孩子直到考试结束铃响时才匆忙完成，由此推断前者的数学实力要高于后者。他们之间的差距等到了中学时就会更加明显地体现出来。

（2）第一遍作答的正确率

某个孩子虽然也取得了98分的好成绩，但值得注意的是，其中有15分的错误是在后续的检查过程中修正的。这就表明孩子初次作答时只能得83分。如果考试时间紧张，这样的表现可能会导致最终的成绩不尽如人意。如果孩子经常出现此类问题，就需要适当调整做题策略，合理分配时间，尽量提高第一遍作答的正确率；如果这一现象是近期才出现的，则可能意味着孩子对于最近所学的知识掌握不够熟练，需要针对这部分内容进行加强练习，确保知识掌握得更为牢固。

（3）解法的多样性

一题多解可以体现孩子思维的灵活度，虽然考试通常不会直接要求展现这一点，但是孩子是否能从多个角度思考同一个问题，可以反映出孩子数学思维能力的高低。尤其是在检查的过程中，一题多解的优势更加明显。通过尝试不同的解题方法，如果计算结果和第一遍相同，就能充分验证第一遍结果的正确性。一题多解既能让孩子提高解题的正确率，又能帮助他们锻炼数感，真是一举两得。

（4）分数的稳定性

有的孩子考试成绩总是忽高忽低，时而能考一百分，时而只考七八十分。这种不稳定性通常源于知识掌握得不全面或者思考能力的欠缺。对于这样的情况，孩子应该及时进行反思和总结，找到真正的问题所在，然后有针对性地调整学习状态与方法，做到胜不骄，败不馁。

虽然考试成绩能够反映出孩子的很多问题，但是家长也不要过于看重分数，这会打击孩子学习数学的积极性。

有一些孩子开窍比较晚，他们的问题可能是对于细枝末节的忽视和对于题目表述的理解不够准确。

以一道判断题为例：边长为4厘米的正方形的面积和周长相等。

如果孩子在判断过程中，只关注到了数值"4"的相等，而忽略了"面积"和"周长"这两个不同量的差别，那么他们很可能就会得出错误的结论。在数学中，我们谈及的"相等"不仅是指数字上的相同，更重要的是要理解这些数字所代表的量的含义和性质。面积和周长是两个不同性质的量，它们之间是不能直接进行比较的。

孩子产生类似的错误并不代表孩子没有掌握数学知识，而是他们还需要通过后续的学习进一步地锻炼和积累。随着学习的深入，特别是在初高中阶段，像这种语义理解上的问题会越来越少，更多的考察将集中在数学逻辑和原理上。所以在小学阶段，家长不应过分看重考试成绩，而是要鼓励孩子进行自我的评估和反思，培养他们的自省能力。关于自省的方法和重要性，可以参考本书第十二章进行深入了解。

2. 让孩子当小老师

无论您的数学水平如何，鼓励孩子在家中扮演小老师的角色，让他经常向您讲解数学题，这是帮助孩子提高数学能力的一种好方法。因为在数学学习过程中，许多孩子都容易陷入一个误区：即以为自己已经完全理解了题目（即使他们只掌握了部分知识，可能只有30%）。

数学学习强调的是一个连贯且清晰的思维过程，一道题哪怕只有10%的内容没有真正掌握，都可能对整体的解题思路造成严重影响，阻碍思维的流畅性。我们一定要明白，从"感觉听懂了"到"真正独立会做"之间还隔着一大段距离。

那么如何检验孩子是否真正"听懂了"呢？一个简单而实用的方法就是观察他能否用自己的语言独立且完整地讲出题目的解题过程。

比如孩子今天在学校学了乘法分配律，那么一个完整的讲解过程，可以按照以下四步完成：

第一步，让孩子独立讲一遍乘法分配律的原理；

第二步，让孩子给您出有关乘法分配律的题目；

第三步，让孩子对刚才的题目进行讲解；

第四步，向孩子询问这部分知识的注意事项并进行提问。

让孩子扮演小老师的角色，成为家庭课堂的引领者，这个过程本身就调动了孩子的积极性。为了完成一节富有成效的家庭数学课，他需要对自己学过的知识进行深入的回顾、提炼和总结，并且用易于理解的方式表达出来；同时，他还要解答"笨学生"提出的各种意想不到的问题，从而激发他的进一步思考。通过这样的体验，就能让孩子完整地经历一遍知识内化的过程，为后续的自主学习奠定了坚实的基础。

3. 蹲下来倾听

每当辅导孩子做作业时您便情绪失控，您是否想过，也许这并不是孩子的问题呢？可能是在讲解过程中，您讲得不够清晰、逻辑不够严谨，或是没有准确地抓住解决问题的关键。我们和孩子一样，都是数学海滩上的拾贝者，应该怀着好奇心，去发现那些五彩斑斓的数学"贝壳"，欣赏数学思维的独特魅力，并享受数学给我们带来的惊喜。在这一点上，我们其实和孩子是一样的。因此，请不要急于评判孩子，而是要耐心地倾听孩子的想法，说不定他们能有奇妙的新发现和新视角。

比如这道题，请问 51、22、78、53 这四个数的平均数是多少？

您的方法可能是这样的：先计算出所有数的总和，51+22+78+53=204，然后再用 204÷4，得到 51。而孩子很有可能有其他想法，比如他发现 22 和 78 这两个数加起来正好是 100，所以两个数的平均数就是 50，而剩下两个数和 50 也都非常接近，于是列出了这样的算式：1+3=4，4÷4=1，所以他很快得出了 51。虽然和标准答案的解法存在差异，但这种方法仍然非常值得肯定。因为能想到这种巧妙的方法，足以说明孩子拥有了不错的数感，并深刻理解了平均数的本质。

作为家长，我们最应该关注的不是某道题目答案的对错，或者解题方法的规范性，我们最应该重视的是孩子的思考过程和思维质量。因为正是这些在不断提升孩子的数学能力，而你们的思维碰撞则可以激发出更多智慧的火花。

4. 充分重视认知升级的过程

在数学学习中，最重要的不仅仅是外在知识的获取，更有对于内在认知的升级。

比如对于乘法的认识，二年级的孩子会认为，只要两个乘数既不是 0 又不是 1，那么它们的乘积就是越乘越大。因为乘法本质上表示的就是几个相同数连续相加的和，所以：

$6 \times 4 = 6+6+6+6 = 4+4+4+4+4+4 = 24$，$24 > 4$ 且 $24 > 6$；

$5 \times 7 = 5+5+5+5+5+5+5 = 7+7+7+7+7 = 35$，$35 > 5$ 且 $35 > 7$；

…………

而等五年级学了小数乘除法以后，一些善于观察总结的孩子就会发现，"越乘越大"并不总是成立。比如 $0.52 \times 0.4 = 0.208$，乘积反而比 0.52 和 0.4 都小，而且这个算式的含义也不能再用整数乘法的意义来解释了。这个时候，我们就需要对乘法进行认知升级了。

再比如下面这道题：

请在圆圈内填入相应的计算符号，在方块内填入相应的计算结果，使最后的得数为 4。

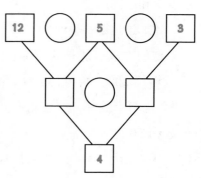

对于二年级的孩子来说，不论思路如何，答案都是唯一的，那就是先用乘号去连接 12 与 5 和 5 与 3，分别得到了 60 和 15，然后再用 $60 \div 15$ 得到了 4，见方法一。

而对于学过分数运算的孩子来说，还能有不同的思路。数感好、思维灵活的孩子或许就有了方法二。

方法一：　　　　　　　　　　方法二：

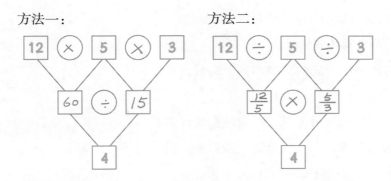

因为他们拥有了更高一级的思维能力，更能抓住问题的本质：12 是 3 的 4 倍。尽管看上去整道题经历了比较复杂的计算过程，但实质上我们只需要想方设法地将 12 和 3 进行除法运算而已。所以相关算式既可以用 $(12 \times 5) \div (5 \times 3)$，也可以用 $(12 \div 5) \times (5 \div 3)$ 表示，在整个过程中，5 就像一座虚设的桥梁连接着 12 和 3。想要解决这个问题，只需把 5 约去即可。

所以你看，年级不同，面对同一个问题，会有不一样的解题思路。

5. 原本不懂的问题，不要浅尝辄止

学习数学并不总是一帆风顺的。

数学思维如同一棵大树，拥有许多分支，而每个孩子的思维方式都独具特色。比如，有的孩子逻辑思维敏锐而空间想象力不足；有的孩子善于处理符号和逻辑，但在文字理解上稍显吃力。

由于不同的数学知识板块对于思维能力的要求是不一样的，孩子可能在面对有些题型时会感到得心应手，而在面对另一些题型时可能就比较吃力。

那么为什么总有少数孩子能在数学领域里游刃有余，无论面对哪个知识板块都能轻松应对呢？其实，这是因为他掌握了学习数学的诀窍，即使在遇到学习瓶颈时，也能迅速找到问题并及时修补。

这里所说的修补，并不是简单地填补某一个知识漏洞，而是对一系列相关的问题进行梳理，进行有针对性地总结和思考。

以六年级的分数和比例专题为例，有些孩子可能在这一板块总是遇到理解和应用上的困难。这时候，父母就可以引导孩子尝试从多个角度思考问题，深入理

解相关概念的表达方式，进而拓宽解题思路。

下面举个具体的例子：

看一本书，看完的页数和剩下的页数之比是 2：3。

如此简单的数量关系，却能转换成许多不同的表述形式，有一些是能一眼看出的，可以通过简单的比例关系而得到，比如：

（1）剩下的页数和看完的页数比是 3：2；

（2）看完的页数和全书的页数比是 2：5；

（3）全书的页数和看完的页数比是 5：2；

（4）剩下的页数和全书的页数比是 3：5；

（5）全书的页数和剩下的页数比是 5：3。

也有一些需要我们将分数和比例的相关知识有机结合起来，比如：

（6）看完的页数是剩下的 $\frac{2}{3}$；

（7）剩下的页数是看完的 $\frac{3}{2}$；

（8）看完的页数占全书页数的 $\frac{2}{5}$；

（9）剩下的页数占全书页数的 $\frac{3}{5}$。

当然，如果考虑到剩下的页数与看完页数的差，我们还能让表述方式显得更加特别：

（10）

看完的页数比剩下的页数少 $\frac{1}{3}$；

（11）

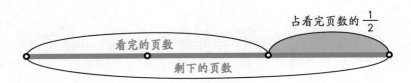

剩下的页数比看完的页数多 $\frac{1}{2}$；

（12）

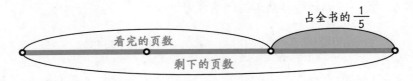

剩下的页数与看完的页数的差是全书的 $\frac{1}{5}$。

从一个简单的问题出发，鼓励孩子主动探索多样化的表述方式，这将有助于孩子更全面地理解这个问题，也能更容易找到问题的本质。

举个例子：

看一本书，看完的页数比剩下的页数少 $\frac{1}{3}$，已知看完了 100 页，问这本书总共多少页？

看一本书，剩下的页数与看完的页数之差占全书的 $\frac{1}{5}$，已知看完了 100 页，问这本书总共多少页？

看一本书，剩下的页数比看完的多 $\frac{1}{2}$，已知看完了 100 页，问这本书总共多少页？

虽然这三道题的表述方式不同，但其实它们的答案都是相同的，都能得到全书总共 250 页。在经历这种变换表述方式的出题和解题过程后，孩子对于相关知识的理解就能更上一层楼。如果能把一个问题真正理解透彻了，相关的变形或衍生问题就全都迎刃而解了。

第二节 如何培养孩子的数学创造力

创造性思维是一种具有创新性的思维活动。具备这种能力的孩子，当遇到问题时，可以从多种角度、多个层次进行思考，从而打破固有认知的限制，实现创新性的突破。这种创造性思维无疑是思维能力中的高级展现。

那么，我们该如何培养孩子的创造性思维呢？

1. 多鼓励创造性思维

高斯就是一位富有创造力的数学家。在他十岁那年，老师在数学课上出了这样一道题：1+2+3+…+100 等于多少？

当大家都在努力计算 1+2=3，3+3=6，6+4=10，10+5=15，……的时候，只有高斯并没有这么做，他发现了一个有趣的规律：

1+100=101

2+99=101

3+98=101

……

100+1=101

每组数之和都是 101。于是他把这些数字排列成如下形式：

$$1 + 2 + 3 + \cdots + 98 + 99 + 100$$
$$100 + 99 + 98 + \cdots + 3 + 2 + 1$$

101　101　101　　　101　101　101

从图中可以发现，每一列正对着的数加起来都是 101，所以把这两行数加在一起就是 100 个 101，然后除以 2，就得到了从 1 加到 100 的和。是不是很神奇？

这就是创造性思维！

我们虽然不能奢求成为高斯那样的数学天才，但是却可以锻炼这种思维。比如跟孩子分享完高斯的故事后，可以试着一起解决下面这个问题：

$$1+3+5+7+\cdots+99=\ ?$$

虽然数字发生了改变，但我们发现之前的规律依然适用：

$$
\begin{array}{ccccccccc}
1 & + & 3 & + & 5 & + & \cdots & + & 95 & + & 97 & + & 99 \\
99 & + & 97 & + & 95 & + & \cdots & + & 5 & + & 3 & + & 1 \\
\hline
100 & & 100 & & 100 & & & & 100 & & 100 & & 100
\end{array}
$$

又因为 1，3，5，7，…，97，99 这些数是由 50 个奇数组成的，所以把上下两行加在一起就得到了 50 组 100，也就是 5 000。所以 1+3+5+7+…+99 这个算式的结果就应该对应于 5 000 的一半，也就是 2 500。

那么，如果计算 2+4+6+8+…+98+100=？ 又该如何求解呢？

最基本的方法就是照猫画虎，按照高斯的方法，于是得到如下两行：

$$
\begin{array}{ccccccccc}
2 & + & 4 & + & 6 & + & \cdots & + & 96 & + & 98 & + & 100 \\
100 & + & 98 & + & 96 & + & \cdots & + & 6 & + & 4 & + & 2 \\
\hline
102 & & 102 & & 102 & & & & 102 & & 102 & & 102
\end{array}
$$

把它们加在一起，就是由 50 个 102 组成的，再除以 2，所以最终的结果就是 2 550。

不过上面的方法可不算是创造性思维，你仅仅是学会了高斯的方法而已。为了进一步培养孩子的创造性思维，可以全家来一场大比拼，比比谁还能有其他方法。

这时，你可以找出一张白纸，把这几个算式都整理在一起：

$$1+2+3+\cdots+98+99+100=5050$$
$$1+3+5+\cdots+95+97+99=2500$$
$$2+4+6+\cdots+96+98+100=\ ???$$

仔细观察后面两行的算式，你也许会有大发现！

2比1多1，4比3多1，6比5多1……

总之，第三行的每个数都比第二行正对着的数多1。

这个时候，创造性思维就派上用场了！

由于1+3+5+7+…+99=2 500，而2+4+6+8+…+100中每一个数都比1，3，5，7…这些数多1，每一行都是50个数，所以2+4+6+8+…+100这50个数的和就应该比1+3+5+7+…+99这50个数的和多50，这样就能在刚才的基础上直接得到2 550。

也许你正在微笑着欣赏刚才的方法，这时候你又重新扫了一眼刚才的那几个算式：

$$1+2+3+\cdots+98+99+100=5050$$
$$1+3+5+\cdots+95+97+99=2500$$
$$2+4+6+\cdots+96+98+100=2550$$

突然你转了转眼珠，有了一个新发现：第二行和第三行的结果加在一起正好和第一行的结果完全一致！

于是另一个新方法诞生了！既然前两行的结果我们都知道了，第三行的和数完全可以直接通过5 050−2 500得到。

假如某天你又再次遇到这个算式，或许你还能有新的思路：

$$2+4+6+\cdots+100=2\times1+2\times2+2\times3+\cdots+2\times50$$
$$=2\times(1+2+3+\cdots+50)$$
$$=2\times(1+50)\times50\div2$$
$$=51\times50$$
$$=2\ 550$$

瞧，这道题我们使用了四种解法，而每种解法的背后，都体现着不同的数学思维。孩子的创造性思维，就是在类似的过程中不断成长起来的！

2. 多接触创造性问题

通过刚才的例子，我们深刻认识到，孩子在数学解题中的创新是建立在严谨的逻辑框架上的卓越展现。要想激发和提升孩子的创造性思维，我们首先要善于发现那些富有创造性的数学问题。

那么，我们应该从哪儿寻找富有创造性的数学问题呢?

事实上，本书中探讨的每一个问题都蕴藏着丰富的创造性! 接下来，请随我一起踏上这精彩的数学探索发现之旅吧!

第三章　生活中的数感

在深入学习计算技巧之前，先要引导孩子熟悉并理解数字。

数字作为我们生活中无处不在的元素，是数学学习的基石。为了培养良好的数感，我们需要教会孩子从生活中发现数字、细致地观察数字、用心感受数字的魅力。

第一节　趣味火柴棍

告诉大家一个有趣的小知识，我们所熟知的阿拉伯数字，其实并不是阿拉伯人发明的，而是源自古印度，是阿拉伯人先把这组数字带到了欧洲，随后再由欧洲人将其推广到全世界。

可别小看 0~9 这十个数字，它们对于数学的进步有着莫大的功劳。接下来，就让我们换个角度，重新认识它们吧！

为了加深孩子们对于数字形状的认识，并锻炼他们的逻辑思维能力，我们可以鼓励他们多观察生活中的数字，比如左图中计算器和交通信号灯计时器上的那些方方正正的数字。

每个数字都是由那 7 小段线条拼成的。如果 7 段线条全都亮起，它便形成了数字"8"，如果部分亮起，则可以变换成其他数字。下面，我们就一起来研究跟这种数字显示法有关的火柴棍问题。

如果你的身边恰好没有火柴棍，也不必担心，任何细长且易于操作的物品（如铅笔、棉签、木签之类的）都可以作为替代品。用火柴棍把从 0 到 9 这十个数字摆出来是这个样子的：

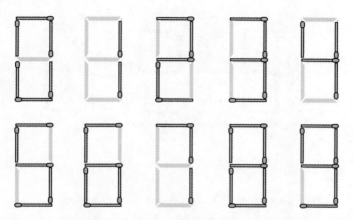

现在，基础知识已经铺垫完毕，请您扶稳坐好，让我们一起迈入火柴棍构筑的数学奇趣世界，共同探索其中的奥秘吧！

【亲子探索】

请试着移动一根火柴棍，使得下图中的等式成立。

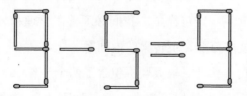

这可如何是好呢？9-5 的正确结果是 4，可是要想把等号右边的"9"变成"4"，需要拿走两根火柴棍。题目要求只能移动一根火柴棍，所以使结果等于 4 的这个思路明显是行不通的。我们需要彻底改变这个等式的结构。这意味着被减数、减数和差都有可能需要调整，甚至可能连运算符号都不再是减号了。

明确了这些，你可以来一场全家大比拼，看看谁能最快最完美地解决问题。

给大家十分钟时间……

好了，时间到，请看下图中的答案。

方法1：

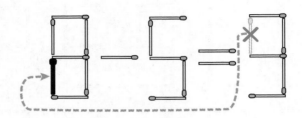

方法2：

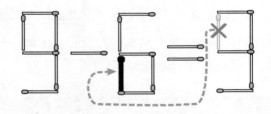

竟然有两种方法呢，你都想到了吗？

利用跳跃性思维，也许能想出其中一种移动方法。可如果我把问题稍加变形，这种思维方式就不一定可靠了。我们必须善于整理和分析，这样才能让思路更加清晰，以不变应万变，玩转火柴棍问题。

首先我们要明白：移动一根火柴棍包含了两个步骤：

一是把火柴棍从原来的位置拿走；二是把刚才拿走的火柴棍摆放到新的位置。

因此，"4"无论是去掉一根火柴棍，还是添加一根火柴棍，又或是移动一根火柴棍（即从自身拿走一根火柴棍摆放在自身的其他位置），都不能变成其他数字。如左图所示。

你可以这样思考：哪些数字可以通过去掉一根火柴棍变成其他

数字呢？哪些数字可以通过添加一根火柴棍变成其他数字呢？哪些数字可以移动一根火柴棍变成其他数字呢？

【知识总结】

顺着刚才的思路，我们得出如下结论：

1. 去掉一根火柴棍后可以变成其他数字的情况如下：

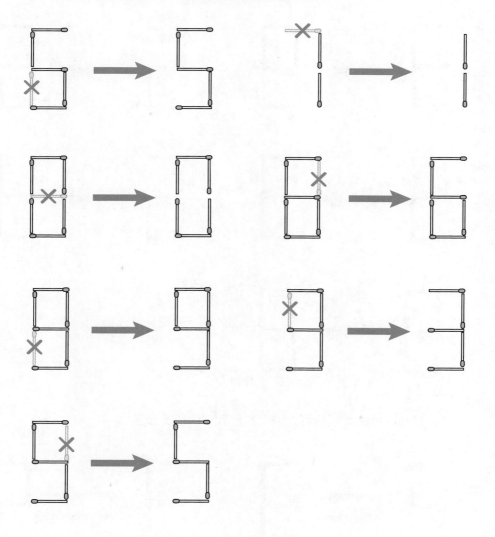

2. 与此相反，添加一根火柴棍后能变成其他数字的情况如下：

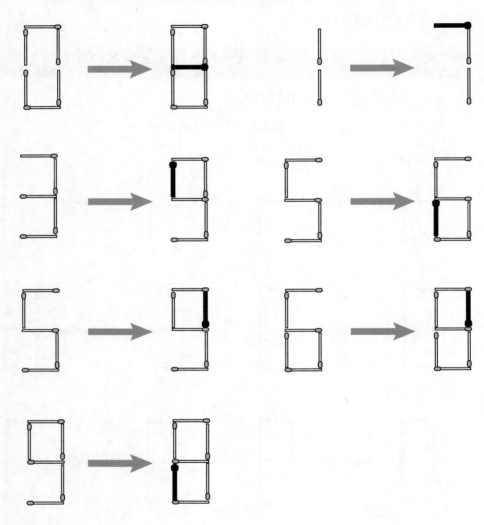

3. 移动一根火柴棍后可以变成其他数字的情况如下：

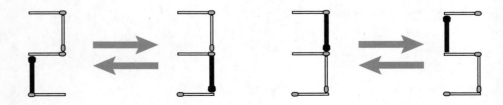

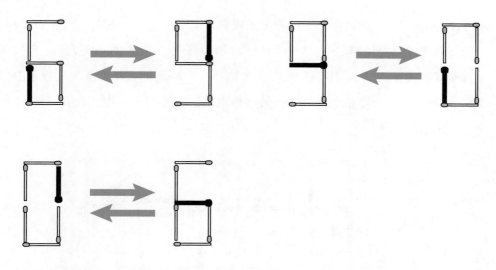

此外，还有关于加减号的变化。

掌握了这些，我们再回头来看刚才的问题。

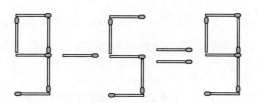

可以围绕如何去掉一根火柴棍而思考，按照从左向右的顺序：

第一个"9"去掉一根火柴棍只能变成"3"或"5"，我们发现，去掉的那根火柴棍无论摆在任何其他地方，都不能使等式成立；

如果是从第一个"9"上去掉一根火柴再放在这个"9"的其他位置，只能把"9"变成"0"或"6"，而这样的变动之后等式依然不成立；

"−"不能去掉；

"5"去掉一根火柴棍后，不可能变成其他数字，如果是移动一根火柴，可以拼出"3"，但这样仍不能使等式成立；

那么就只能从第二个"9"入手了。如果移走"9"上的一根火柴，等式的右端就变成了"3"。接下来你有两种选择：一种是把去掉的火柴棍摆放在第一个"9"上，就变成了8−5=3；另一种则是把去掉的火柴棍摆放在"5"上，就变成了9−6=3。

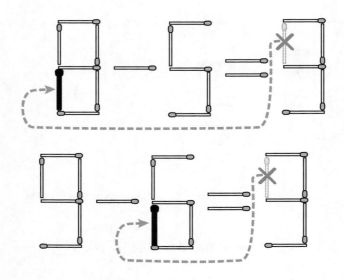

另外，还可以通过移走第二个"9"上的一根火柴棍将其变成"5"，或者把第二个"9"上的一根火柴棍去掉后摆放在它的其他位置变成"0"或"6"。不过这些情况显然都是不成立的。

通过上面一通缜密的分析，我们就完美解决了刚才的问题，是不是很有意思？

【家庭挑战】

1. 请去掉一根火柴棍，使得下图中的等式成立。

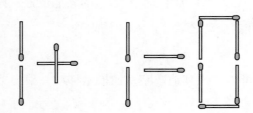

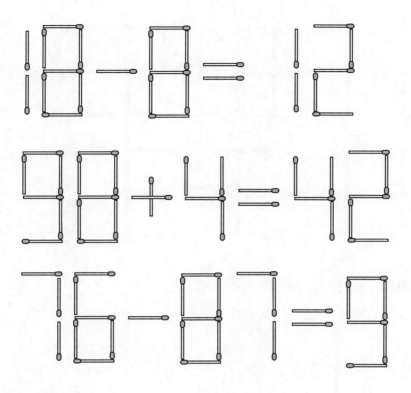

2. 请添加一根火柴棍，使得下图中的等式成立。

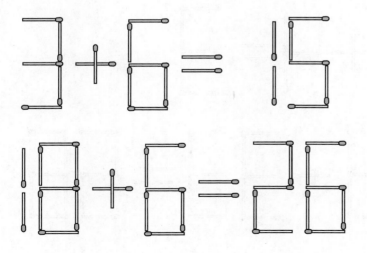

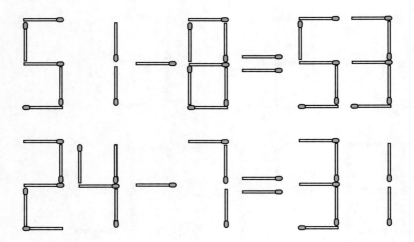

3. 请移动一根火柴棍，使得下图中的等式成立。

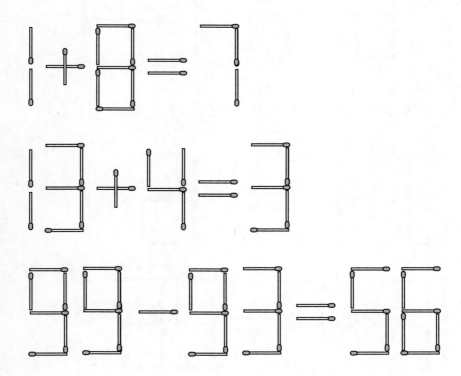

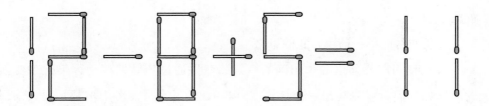

【能力拓展】

我们刚刚成功解决了一系列问题，是不是很有成就感？让我们再接再厉，一起解决几道更有挑战的题。

1. 请通过移动两根火柴棍，使得等式成立。

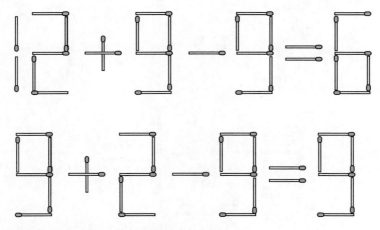

2. 请移动两根火柴棍，使得等式成立。

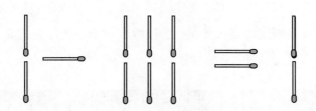

3. 做了这么多关于火柴棍的题目后，大家也许会很好奇，这些问题是怎么来的呢？其实只要掌握了方法，任何人都能构思出妙趣横生又富有挑战性的

火柴棍题目。

方法非常简单，请跟紧我的思路。

首先我们需要列出一个正确的算式，然后通过巧妙地移动火柴棍来变换它。比如我们可以先写出一个算式：5+4=9，接下来只需考虑把某一根火柴棍移动到其他位置上。比如把"9"的一根火柴棍拿掉，放在"5"上，就变成了：6+4=3。

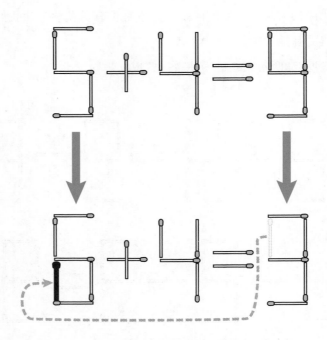

有了这样的思路，就可以构思出无穷无尽的火柴棍问题了。

它们可以是：移动一根火柴棍使得等式成立；移动两根火柴棍使得等式成立；去掉一根火柴棍使得等式成立；去掉两根火柴棍使得等式成立；添加一根火柴棍使得等式成立；快去和你身边的人一起挑战吧！

【家长小提示】

1. 火柴棍问题不仅富有趣味性，更重要的是它可以显著提升孩子的逻辑思维和缜密思考的能力。尽管孩子有时可能会凭借直觉或跳跃性思维猜出答案，但还是推荐他们采用顺序性的思维方式解决问题，这样可以确保思路的连贯性和完整性，从而最大程度地锻炼他们的思维能力。

2. 通过摆火柴棍认识并熟悉数字，是帮助孩子将数字结构内化于心的好方法。一些孩子在做题过程中经常出现看错数或抄错数的情况，这往往是因为他们对于数字的结构不够熟悉和敏感。对于有此类问题的孩子，可以参考【能力拓展】中的第 3 题，通过多次利用火柴棍构造算式，来加深他们对于数字形状的理解和认识。

3. 学习过程中的参与感对孩子的成长至关重要。在【知识总结】中，建议让孩子先行尝试总结出可通过增加、删减或移动一根火柴而相互转换的数对，然后再和书中的内容进行比对，以加深他们的理解与记忆。

第二节　路边的红绿灯

相信很多人都有过这样的经历：在你过马路的时候，本来是绿灯，可是走到中途时绿灯闪烁几下后就变成了黄灯，黄灯很快又变成了红灯。此刻，四周车辆往来穿梭，呼啸而过，你就陷入在马路中间进退两难的尴尬境地。

下图中的这个带有倒计时功能的信号灯，就能避免这种潜在的危险状况，让你更加从容地过马路。

这上面的数字是不是很像刚刚摆过的火柴棍呢？倒计时信号灯上的每个数字，都是由七段数码管组成的。当所有的数码管都亮起时，它显示得就是"8"，而根据数码管的不同组合和局部亮起的状态，则能表示其他数字。

特别是在比较宽的马路上，为了确保行人的

安全，信号灯会为他们预留出一段通行时间。因此，过人行道之前，只需迅速看一眼倒计时数字，行人就可以根据自己的速度，判断是否有足够的时间安全穿过马路。

了解完红绿灯上数字的基本知识后，让我们的大脑开始活动起来吧！

【亲子游戏】

正常情况下，红绿灯的计时器上的数字显示如下：

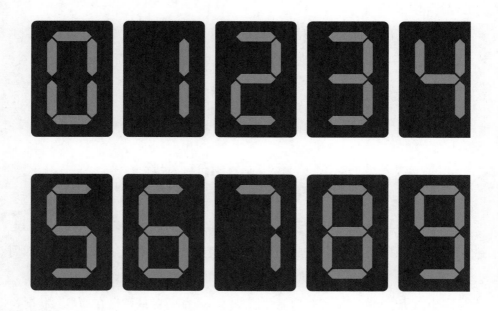

不过或许是因为下雨进水，计时器出了点小故障，七段数码管中的某一段或者某几段"罢工"了，数字显示不正常了。

小明同学恰好在街边等绿灯，闲得无聊，于是随意从不断变化的坏掉的计时器上挑了两个"怪数字"，抄在了本子上。请你们根据下图中小明本子上的数字来判断：究竟是哪一个（或几个）位置上的数码管坏掉了？

这个问题没见过吧？蛮有意思的！很多人平时可能很少关注信号灯上的计时器，更没有思考过这些数字的显示规律。面对全新的问题，我们又该从何下手呢？

接下来请围绕两个重点来思考：一是进一步熟悉数字结构；二是总结出遇到新奇问题的解决方法。

为了深入理解当前的问题，我们首先回想一下正常的计时器上数字的样子，可惜由于故障，本子上记录的两个"数字"看起来非常古怪。大家原本熟悉的数字形态在此刻仿佛变成外星符号了。

面对这种情况，我们只好利用已知的信息，一步步做推理，再整合这些线索。

先看第一个数字，虽然看不出它的全貌，不过还是可以根据它的特征进行科学分析。我们可以在脑海里迅速把正常计时器上的 0~9 这十个数字的形态过一遍，并筛选出所有的可能性。

通过脑海里的对比，第一个数字有可能是"3"、"8"或者"9"。如下图所示。

如果第一个数字表示 3，就意味着最下方的数码管一定出了问题；如果第一个数字表示 8，就意味着最左边的两个数码管和最下方的数码管都一定出了问题；如果第一个数字表示 9，就意味着左上方的数码管和最下方的数码管都一定出了问题。

然而，第一个数字究竟表示数字几，我们还不得而知。同样，我们再看第二个数字，看看能得到什么有用的信息。通过分析，我们可以推断出第二个数字可能是 "6" 或者 "8"。如下图所示。

如果它表示的是 6，就意味着最下方的数码管出了问题；如果它表示的是 8，则意味着最下方和右上方的数码管都出了问题。

我们根据第一个数字得到的信息，右上方的那段数码管的显然是可以正常工作的，进而可以推断出第二个数字只能是 6。事实上，第二个数字的出现，对于第一个数字的确定，有着决定性的作用。通过第二个数字，我们发现这个显示器最左边的两个数码管都是正常的，这样就排除了第一个数字是 8 和 9 的可能。

于是我们推断出：第一个数字是 3，第二个数字是 6，而坏掉的数码管是最下方的那根。

至此，我们已经成功攻克了这个全新的问题。然而，相比于单纯解决某一个具体问题，更重要的是掌握处理这一类问题的诀窍。

【知识总结】

让我们回过头来，梳理一下刚才的思路。

当遇到一个全新问题时，我们会经历以下思考步骤：

1. 从整体出发理解问题，梳理底层逻辑；

2. 通过分析，找到解决问题的突破口；

3. 通过突破口去分析题目中所给的细节，从而得到初步结论；

4. 通过初步结论，汇总出最终结论；

5. 反思整个过程，尝试找到更加流畅的解决方案。

【家庭挑战】

假如计时器最上面的那根数码管坏掉了，请快速在纸上写出数字 0~9 的样子，并说出不受影响的数字有哪些。

【能力拓展】

1. 假设现在是绿灯时间，且计时器上面的数字显示正常。小明正准备过马路，不过由于视角原因，他无法看清计时器数字的全貌。连续几秒之内倒计时的变化顺序如下图所示，十位数字的最左侧被挡住了，请猜出图中的真实时间。

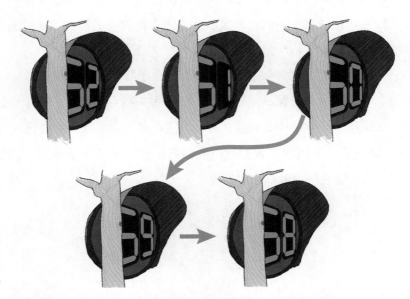

2. 以后再见到红绿灯计时器，我们可以顺便锻炼一下加法计算能力。瞧，

小明正好在路边观察倒计时器，他在练习口算呢，就是快速把显示器上的十位数字和个位数字相加。比如当出现 56 时，他算出来的结果就是 11；当显示器上出现 40 时，结果就是 4······

通过计算，他得到了这样一串数：

17，16，15，14，13，12，11，10，9，8，16，15，14，13，12，11，10，9，8，7，15，14，13，12。

请问：小明算出来的最后一个数 12，它所对应的倒计时显示器上的时间是多少？

提示：想想什么情况下，小明求出的十位数字与个位数字之和会产生跳跃。

【家长小提示】

1. 红绿灯倒计时的数字显示问题促进了孩子对于数字结构的认知。要解决这一类问题，孩子需要快速回忆 0 到 9 这十个数字，并通过其结构特征进行筛选，这锻炼了他们思维的逻辑性与严谨性。

2. 我们应引导孩子理解问题的本质：当某个数码管出现故障时，无论是哪一个数字，该位置都不能正常显示。这可以作为我们解决问题时重要的排除条件被我们反复运用。

3. 在这一类问题的解决过程中，关键在于找到问题的突破口。比如【能力拓展】中的第一个问题，需要从两方面着手来得到结论：一是十位数字的可能性；二是当个位数字从 0 变成 9 时，十位数字发生了减 1 的变化。

4. 通过这一类问题，我们可以鼓励孩子多在生活中观察数字，以培养他们发现问题并解决问题的能力。

第三节 猜数游戏

甲乙两人玩猜数游戏，甲从 1~999 中任选一个数，把它写在纸上叠起来，乙开始猜这个数。每猜一次，甲要反馈给乙，当前数是猜大还是猜小了。乙共有 10 次机会。只要方法得当，乙成功的概率将是 100%！

用不超过 10 次的机会，在 999 个数中找出那唯一的正确答案，也太不可思议了吧？如果能学到这个新本领，马上就可以向周围的人表演了！不过，为了避免现场出现问题，我们还需要多做点准备活动。

【亲子探索】

先由甲从 1~99 中随意挑出一个数，写在纸上（不能让乙看到），然后由乙猜这个数到底是多少。例如纸上写的是 35，乙猜 68，甲就告诉他猜大了，这样就算是使用了一次机会。得到反馈信息后，乙接下来可能会猜 50，甲就告诉他猜大了，又丢掉一次机会……如此反复，数数乙需要多少次才能猜对。

然后甲乙两人调换角色，由乙写数让甲来猜，同样记录下猜对答案所需次数。谁用的次数最少，就算谁赢。

如果觉得不过瘾，可以把猜数的范围从 1~99 升级成 1~999，甚至 1~9 999。这个过程中虽然有运气的成分，但是多玩几次，我们就似乎能掌握到一些窍门，猜起数来也越来越快了。

不过要学到点"真东西"，我们还需要用理论来充实自己的头脑，让整个猜数过程更加系统化，更加有据可循，从而更具可靠性。

请跟着我进行一下思维跳跃，先来聊聊关于小区停电的问题。

一天晚上，某居民小区停电了，电工师傅需要排查究竟是哪段线路出了问题。小区线路总共有 20 公里，要是沿着线路一点点排查，将非常费时费力。更何况电工师傅每查一个点，都得爬一次十多米高的电线杆子，总共 400 多根电线杆，如果挨个都试一遍，没个两三天是试不完的。即使电工师傅不嫌麻烦，你家冰箱里的菜也受不了啊。这可怎么办呢？关键时刻，聪明的电工师傅终于想出来一个好办法。

为了方便说明，我们把这段线路的两端分别设为 A、B 两点。

电工师傅并没有挨个去爬电线杆子，而是直接到 A 和 B 的中点位置 C，从 C 位置的电线杆开始排查。通过设备检测，他发现 AC 段正常，所以进而推断出故障发生在 BC 段；他又来到 BC 段的中点 D，发现 CD 段正常，于是进一步推知故障发生在 BD 段；接下来，他来到 BD 段的中点 E……

于是电工师傅不断反复上述动作，每查一次，就可以把故障发生的可能区域缩短一半。通过这样的方法，只需要 8 次，他就可以把故障点锁定在 80 米左右的局部范围，从而快速、省力地完成维修工作。

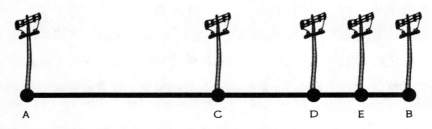

实际上，在某个范围内猜数字和电工师傅在小区里排查故障点，这两件事的思路颇为相似，其目的都是不断缩小搜索范围，从而尽快锁定目标。

相较于盲目地一个个去猜数，这种逐步缩小范围的方法显得尤为明智。它极大地减少了运气成分，让我们能够充分展现智慧和策略。接下来，请根据刚才检修电路的例子，一起来总结玩转猜数游戏的有效方法吧。

【知识总结】

从 1~999 的范围内猜数，假设对方在纸上写的是 358，那么猜数步骤如下：

1. 为了方便计算，我们把 1~999 稍微扩大一点，变成 0~1 000。找到 0~1 000 这组数中间的那个数 500，对方会说猜大了，这样就可以把范围从 0~1 000 缩小为 0~500；

2. 找到 0~500 中间的那个数 250，对方会说猜小了，这样范围就会继续缩小为 250~500；

3. 找到 250~500 中间的那个数 375，对方会说大了，这样范围就进一步缩小为 250~375；

4. 250 和 375 的平均数是 312.5，当两个数的平均值不再是整数时，我们可以取最接近的整数，312 或者 313 皆可。

如此反复……这样就一定能在十次之内猜中这个数！过程如下图所示。

在此过程中，会依次猜出以下数：

500，250，375，312，343，359，351，355，357，358。

数一数，正好是十次！

这是不断缩小数字范围的过程：

(0~500) → (250~500) → (250~375) → (312~375) → (343~375) → (343~359) →
(351~359) → (355~359) → (357~359) → 358

这就是奇妙的"二分法"，虽然不能保证一两次就立刻猜对，但一定可以在十次之内猜对。

可为什么是十次呢？按照这样的方法在 1~99 内猜数，几次一定能猜对？在 1~9 999 内猜数，又需要多少次呢？

【家庭挑战】

我们再把刚才的思路回顾一遍，(0~500) → (250~500) → (250~375) →
(312~375) → (343~375) → (343~359) → (351~359) → (355~359) → (357~359) →
358

如果把锁定范围中较大的数与较小的数称作猜数区间的长度，那么刚才的猜数过程中，猜数区间的长度可以依次求出：500−0=500，500−250=250，375−250=125，375−312=63，375−343=32，359−343=16，359−351=8，359−355=4，359−357=2，358−357=1。

由此可见，在猜数过程中，我们把猜数区间的长度从 1 000 缩小为 500，又从 500 缩小为 250，再从 250 缩小为 125……把这些数字依次列出来：

1 000，500，250，125，63，32，16，8，4，2，1。

通过观察，我们可以发现这些数字之间一直是除以 2 的关系：

$1\ 000 \div 2 = 500$，

$500 \div 2 = 250$，

$250 \div 2 = 125$，

······

$8 \div 2 = 4$，

$4 \div 2 = 2$，

$2 \div 2 = 1$。

而当把范围缩小为 1 时，就能直接得到最终结果！那也就是说，利用逆向思维，我们回溯到最初的范围，就相当于 $2 \times 2 \times 2 \times 2 \times \cdots \times 2$，多少个 2 连乘能刚好得到或略超 1 000，因为 10 个 2 连乘得到 1 024，是比 1 000 略大而且最接近它的数，所以采用"二分法"我们只需要十次就能猜出正确结果了！这是不是很神奇？

如果上述内容你真的懂了，可以试着回答以下问题：

1. 按照"二分法"在 1~99 内进行猜数，看看最多需要多少次；

2. 按照"二分法"在 1~9 999 内进行猜数，看看最多需要多少次；

3. 探究在某个范围内，利用"二分法"猜数的次数和什么有关。

【能力拓展】

利用"二分法"来猜数确实是一种稳妥的策略。为了让整个猜数过程更加刺激，我们可以在此基础上进行"优化"，适度地添加一些"运气"因素。

比如从 1~999 中猜数，对方第一次猜的不是 500 而是 800，如果答案是介于 800~1 000 的范围内，就意味着对方直接将范围从 1 000 缩减为 200！后面的过程可以和"二分法"进行结合，就能用比 10 次更少的次数猜出答案了。而如果答案是介于 1~800 范围内，则意味着对方利用一次机会只是把范围从 1~999 缩小到了 1~800，比原范围的一半还要大很多，这样就只好自认倒霉了。通过这样的方式，猜数将变得更有随机性，也就更好玩儿了！

【家长小提示】

1. 要让孩子体会"二分法"背后的数学思想，通过每次都把范围缩小一半的方法，可以优化很多实际问题。

2. 从1~999中猜数，在范围缩减的过程中，孩子会对500，250，125，62.5，…这样的数有一个初步认识，这其实也是十进制最重要的几组数字组合：

$5 \times 2 = 10$，$25 \times 4 = 100$，$125 \times 8 = 1\,000$，$625 \times 16 = 10\,000$，…

以上数字看起来是不断除以2的过程，实际上也是乘5，小数点再往左移一位的过程，非常有意思。

3. 这个游戏可以调节难度。对于低年级孩子，可以把范围缩小到100以内，给孩子7次机会（因为2的7次方等于128）。对于已经掌握了"二分法"的孩子，可以进行难度升级，比如1~999只能猜8次，甚至更少次数。

4. 在轻松愉快的氛围中，孩子可以收获以下三点：

（1）轻松掌握简单的除法计算；

（2）学会比较数字大小，加强对千以内数字的认识；

（3）锻炼更加严谨的思维能力。

第四章　算出来的数感

数感的培养离不开扎实的计算基础，想要提升数感，首要任务就是锻炼计算能力。你知道吗？在计算的世界里，除了常规的笔算练习，还隐藏着很多既实用又充满乐趣的练习方法。现在就跟随我一起进入这个神秘的计算王国，探寻其中的奥秘吧！

第一节　数数的五个层次

告诉你一个秘密，其实许多成年人在数数上并不如我们所想的那般熟练。如果你认为只要能流畅地从 1 数到 100 就算是会数数，那你可就大错特错了。

真正的数数，其实是由以下五个层次组成的：

第一层，会从 1 数到 100。

想要真正学会数数，孩子需要能够熟练地从 1 数到 100，才能更深刻地理解数字的排布逻辑和规律。在这个层级，数数就是要了解这一系列数字从小到大的出现顺序。

此外，我们还要培养孩子数实际物品的能力。比如看到数字 12，在初学数数的小孩子眼里，它可能仅仅代表了从 1 数到 12 的过程，如同一段动态的影像。然而，通过大量的练习，孩子能够逐渐把数数的过程简化为一个静态的数字，这就如同将一段视频提炼为一张照片，如右图所示，是计数能力的一次飞跃。

别小看了这点，很多幼儿园的孩子虽然能够流利地数数，但是一旦面对实物，如数糖块时，却常常出错。这正是因为他们还不能熟练地把抽象的数字与实际的物品进行一一对应。

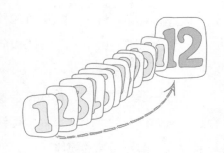

第二层，会数片段。

在唱歌的时候，从头开始唱一般比较容易，但若是突然截取歌曲中的某个片段，你可能就会发现自己突然无法流畅地唱下去了。

与唱歌的情况相似，许多小孩能够顺利地从 1 数到 10，但是如果你让他们从 7 开始往上数三个数，他们可能就不那么确定了。这是因为他们对于数字的顺序还不够熟悉。

解决这个问题的一个有效方法就是多练习数数，并仔细观察数字出现的规律。在这时，百数表就能发挥它的作用了。比如，对于数字 35，在百数表中，它的上方和下方分别对应着哪些数字？左右两侧又分别是哪些数字？这样的练习有助于孩子们早期数感的建立。百数表如下图所示。

第三层，会花式数数。

要是觉得 1 个 1 个数太简单，那么请试试 2 个 2 个数、3 个 3 个数、4 个 4 个数、5 个 5 个数、7 个 7 个数……

若是从小往大正着数完了，再试试从大往小倒着数！

第四层，会找规律。

结合上面的花式数数，这里具体举几个例子，请大家自行体会。

1，2，3，4，5，…这是正着数数，实际上就是做连续加法。

5，4，3，2，1，…这是倒着数，实际上就是连续做减法。

百数表									
1	2	3	4	5	6	7	8	9	10
11	12	13	14	15	16	17	18	19	20
21	22	23	24	25	26	27	28	29	30
31	32	33	34	35	36	37	38	39	40
41	42	43	44	45	46	47	48	49	50
51	52	53	54	55	56	57	58	59	60
61	62	63	64	65	66	67	68	69	70
71	72	73	74	75	76	77	78	79	80
81	82	83	84	85	86	87	88	89	90
91	92	93	94	95	96	97	98	99	100

0，2，4，6，8，…这是 2 个 2 个数，实际上是从 0 开始不断加 2 的过程。

1，3，5，7，9，…这也是 2 个 2 个数，只不过是从 1 开始连续加 2 的过程。

通过一系列的数数，你或许会发现：从奇数开始 2 个 2 个数，得到的都是奇数；从偶数开始 2 个 2 个数，得到的都是偶数。而且，不管你是正着数，还是倒着数，都是相同的规律。

类似的例子还有许多，再比如 10 个 10 个数：

10，20，30，…

4，14，24，34，…

我们会发现，10 个 10 个数有这么个特点：个位数字都一样，第一个数的个位是几，一连串的个位就都是几。这一点可以提高对于十位数字和个位数字的认识。

又比如：

0，4，8，12，16，…

0，2，4，6，8，10，12，14，16，…

你会发现这些 4 个 4 个数能数出的数，是 2 个 2 个数隔位出现的。因为 4＝2×2，凡是 4 的倍数，也同样是 2 的倍数。再比如，可以让孩子去体会 3 个 3 个数和 6 个 6 个数，学会主动思考，再把自己的想法记录下来，会非常有成就感！

第五层，通过数数理解乘法表和质数。

3，6，9，12，15，…这就是 3 那行的乘法表；

4，8，12，16，20，…这就是 4 那行的乘法表；

低年级的孩子，通过这种跳跃性的数数练习，可以大大增强他们对于乘法表的熟悉程度。在数数的过程中，你可能会发现一些不合群的数。比如 13，从 0 开始无论是 2 个 2 个数、3 个 3 个数、4 个 4 个数……一直到 12 个 12 个数，全都数不到它！这就是质数。

还有一些数字，比如 12，2 个 2 个数、3 个 3 个数、4 个 4 个数、6 个 6 个数，都会数到它，看起来显得格外亲切。它就是因数比较多的数。

不同年级的孩子，对数数的理解也是不一样的。在数数过程中，与计算关系最密切的其实是第三层和第四层。

我这里设置了几个梯度的小练习，大家可以试着让孩子挑战一下。

【亲子探索】

请通过数数的方法进行下列计算，看看谁速度最快，方法最好！（请注意，只能数数，不能用凑十法等其他计算方法哦）

12+2	2+29	3+16	24+1	2+95
7−3	11−2	28−4	80−79	55−52
11+5	16+5	2+5	27+5	33+5
21−5	6−5	12−5	37−5	53−5
48+5	54+5	69+5	10+5	65+5
68−5	44−5	9−5	20−5	15−5

正确答案如下：

14	31	19	25	97
4	9	24	1	3
16	21	7	32	38
16	1	7	32	48
53	59	74	15	70
63	39	4	15	10

接下来，让孩子静下心来，好好梳理一下刚才的过程。那些加法和减法是怎样通过数数的方式算出来的呢？请一定要让孩子独立思考哦，然后才能接着往下看。

【知识总结】

通过计算过程，我们可以得出以下几点结论：

1. 两数相加，我们可以先比较它们的大小。如果一个数比较小（比如 1，2，3，4），可以从另一个较大的数开始通过数数进行计算。

比如 24+1，它表示比 24 大 1 的数，你只需要从 24 开始往后数 1 个数；再比如 3+16，由于 3 比较小，则可以表示 16 后面的第 3 个数，只需要数 3 次：17、18、19，则 19 就是答案。

2. 两数相减，可以有两种思路。

比如 7–3，我们可以从 7 开始往小数 3 次，6，5，4，因为数到第 3 次时得到的是 4，所以 7–3 的结果是 4；此外，7–3 我们还可以这样考虑，从 7 开始往小了数，数几次就能数到 3 呢？6，5，4，3，通过进一步数数，我们发现总共数出了 4 个数，所以 7–3 的结果是 4。

比如 80–79，按第一种思路，要从 80 开始往小数 79 次，这就太麻烦了！而按照后一种思路，从 80 开始往小数几次就数到 79 呢？只需数"1"次。所以这个"1"正是 80–79 的答案。

3. 通过后四行的计算过程，我们有以下的发现。

当一个数的末位数字是 1 时，它与 5 相加或者相减，其结果的个位数字一定是 6；当一个数的末位数字是 6 时，它与 5 相加或者相减，其结果的个位数字一定是 1。无形之中，1 和 6 就被拴成了一对数字。如果一个数的末位数字是它们其中的一个，那么这个数和 5 相加或者减去 5，对应结果的末位数字就是另外一个。

具有类似关系的还有 2 和 7、3 和 8、4 和 9、5 和 0。仔细观察，它们是不是有些眼熟？你猜对了，这不就是汽车尾号限行的数对嘛！周一 1 和 6 限行、周二 2 和 7 限行、周三 3 和 8 限行、周四 4 和 9 限行、周五 5 和 0 限行。

这几对数能帮我们快速解决计算问题，立即说出一个数加 5 或减 5 的结果。

接下来，请开始下面的挑战吧。

【家庭挑战】

1. 根据【知识总结】中跟 5 有关的数对，快速算出以下算式的答案。

| 12+5 | 16+5 | 21-5 | 48-5 | 56+5 |

| 73-5 | 27+5 | 84-5 | 91+5 | 60+5 |

| 18+5 | 33-5 | 67+5 | 42+5 | 78+5 |

2. 通过连续数数的方法，加强 2 个 2 个数、3 个 3 个数、4 个 4 个数、5 个 5 个数的练习。

（1）从 2 开始 2 个 2 个数到 100。

（2）从 1 开始 3 个 3 个数到 100。

（3）从 8 开始 4 个 4 个数到 100。

（4）从 12 开始 5 个 5 个数到距离 100 最近的数 。

（5）从 95 开始 2 个 2 个数到 1。

（6）从 97 开始 3 个 3 个数到 1。

（7）从 96 开始 4 个 4 个数到 0。

（8）从 94 开始 5 个 5 个数到 4。

提示：针对上面的数数，有个非常好的检验方法，拿（6）举例，按照题目中的说法，从 97 开始 3 个 3 个数数是能数到 1 的，如果你数不到 1，就意味着数数的过程发生了错误；另外，速度也非常重要，可以进行全家比赛，看看谁数得又快又准确。

上面的挑战感觉如何？是不是有一种酣畅淋漓的感觉？先做做深呼吸，后面还有更刺激的！

【能力拓展】

1. 请按照下面的要求进行连续数数。

（1）从 1 开始 9 个 9 个数到 100。

（2）从 5 开始 8 个 8 个数到 77。

（3）从 8 开始 7 个 7 个数到 85。

（4）从 21 开始 6 个 6 个数到 99。

（5）从 98 开始倒着 9 个 9 个数，数到 8。

（6）从 97 开始倒着 8 个 8 个数，数到 17。

（7）从 81 开始倒着 7 个 7 个数，数到 4。

（8）从 69 开始倒着 6 个 6 个数，数到 15。

数数嘛，1 个 1 个数、2 个 2 个数、3 个 3 个数、4 个 4 个数都是相对容易的，5 个 5 个数，我们也能参照之前的汽车限号实例来绑定数对。那么 6 个 6 个数、7 个 7 个数、8 个 8 个数、9 个 9 个数，这些又该如何计算才更方便呢？

其实很简单，我们可以把先前的结论合在一起啊！

举个例子，从 1 开始 9 个 9 个数，因为个位数字除了 0 以外，加 9 都会发生进位，一旦发生进位，我们就可以通过这样的方法来巧妙求解：一个数加 9，相当于这个数加 10，再减去 1。

所以，加 9 的进位规律就是十位多 1，个位减 1。

关于其他的规律，请别怕麻烦，建议家长和孩子一起来总结。找到规律以后，再来对照下面的图表中给出的规律，看看我们总结的是否一样。

以上是跟 9、8、7、6 有关的进位规律。那么跟这几个数有关的退位规律，你是否也能总结出来呢？总结出规律后可以对照下面的图表检查一下。

进位规律	
+9	十位多1，个位减1
+8	十位多1，个位减2
+7	十位多1，个位减3
+6	十位多1，个位减4

退位规律	
−9	十位减1，个位加1
−8	十位减1，个位加2
−7	十位减1，个位加3
−6	十位减1，个位加4

2. 忘掉乘法口诀，请用数数的方法，填出下面的九九乘法表。

1个1个数	2个2个数	3个3个数	4个4个数	5个5个数	6个6个数	7个7个数	8个8个数	9个9个数
1	2							
2	4							
3	6							
4	8							
5	10							
6	12							
7	14							
8	16							
9	18							

【家长小提示】

1. 1个1个数、2个2个数、3个3个数和4个4个数，是加减法的基础，对于数感的建立非常重要。在平时的生活中，可以多为孩子准备类似的数数训练。

2. 关于跟5有关的加减法，是个让孩子意识到"数学源于生活"的好机会。

3. 关于9、8、7、6的进位加法和退位减法，是孩子们的薄弱环节，一定要有意识地帮助孩子进行强化。可以参考本书，多让孩子进行类似的连续数数练习，对帮助孩子熟悉加减法有着立竿见影的奇效。

第二节 多位数加法，你真的过关了吗

412+326 等于多少？此时的你，是否会习惯性地要去拿草稿纸列竖式？其实大可不必，对于如此简单的多位数加法运算，直接心算就可以了。如何心算呢？我们把数位对齐，2+6=8，1+2=3，4+3=7，然后从右往左把8、3、7写在纸上，读数的时候从左向右读出七百三十八。

整个过程，你也许会感觉隐隐约约地有点问题——这一系列的心算操作并不流畅！在计算的时候从右向左，而读取结果的时候却从左向右。而且这还只是很简单的加法运算，各个数位都没有发生进位。当我们遇到更加复杂的情形，比如会发生连续进位时，就更令人头疼了。

因此，对于这样的算式，显然下面这样心算更直观：

4+3=7，1+2=3，2+6=8。

再按照从高位向低位的顺序，直接计算并写出7、3、8。这样的方法显然顺畅许多，它让计算和书写的顺序和读数顺序相一致。采用这样的方式，能大大降低我们的计算阻力。

【亲子探索】

数学讲究即学即用，我们开始一场家庭比赛吧！请用刚才的方法，心算下面的算式：

16+72	81+16	45+31	60+28	14+62
51+38	66+32	214+524	431+515	624+313
5+30	510+32	412+5	52+127	841+36

那个最快得出结果的人，并不一定全对呦！下面公布一下正确答案：

88	97	76	88	76
89	98	738	946	937
35	542	417	179	877

那么，在刚才的计算过程中，有什么特别值得关注的地方吗？

如果说前两行的题目从左向右直接相加就可以了，那么最后一行的题目如果你还用这个办法，肯定会出错的。510+32=830吗？当然不是，哪怕你用脚指头想想，也知道不对，五百多加两位数怎么可能得到八百多呢？这是哪里发生了错误呢？

其实这是数位对齐上出了问题。510是三位数，32是两位数，所以我们在做加法运算时，应该先判断这两个加数是否数位一样多，否则就需要根据具体情况去进行调整。别忘了多位数加法一定要建立在数位对齐的基础上！也就是 5 和 3 分属不同的数位，510 中的 5 是在百位，而 32 中的 3 是在十位。

所以正确的对齐方式是这样的：

百位	十位	个位
5	1+3	0+2

这就要求我们在实际计算中，把数位对齐放在首要位置！

多位数加法中的小麻烦，除了数位对齐以外，其实还有进位的问题。

请你在数位对齐的基础上，看看下列各式是否发生了进位，更进一步地，如果发生了进位，请思考具体是哪一位发生了进位？

18+59	45+36	518+66	372+481	92+61
21+13	41+3	421+532	14+530	510+432
42+38	49+32	78+4	570+47	36+4

不知道你有没有发现，第一行和第三行的算式都发生了进位，第二行的算式都没有发生进位。

接下来你可以独立思考：我们怎样快速判断出某个算式是否发生了进位呢？先不要急着往下看，想清楚了我们再继续。

【知识总结】

观察刚才的三行算式，我们可以发现：

第一行算式发生进位的数对是：

8 和 9   5 和 6   8 和 6   7 和 8   9 和 6

第二行的各个数位都没有发生进位。

第三行算式发生进位的数对是：

2 和 8   9 和 2   8 和 4   7 和 4   6 和 4

不知道你有没有发现，每一行的数对都有各自的特点：

第一行算式中发生进位的数对所涉及的两个数字都在 5~9 的范围内；

第二行算式中的所有数位均没有发生进位，它们的取值范围都在 0~5 之内；

第三行算式中发生进位的数对，其中一个数偏小，在 0~4 范围之内，另一个范围偏大，在 6~9 范围内。

由此我们可以得到下面的结论：

1. 两个多位数相加，如果对应数位上的两个数字都在 5~9 范围内（即 5、6、7、8、9 中的任意两个数字搭配），就会发生进位。比如 5 和 7、6 和 6、9 和 8 等等，我们不用具体计算，就能知道发生了进位。

2. 两个多位数相加，如果对应数位上的数字都在 0~5 范围内（即 0、1、2、3、4、5 中的任意两个数字搭配，但不能同时为 5），如果与它们紧邻的低位没有发生进位，那么该数位也不会发生进位。比如 4 和 5、1 和 4、2 和 3、3 和 5、3 和 3 这些，我们不用具体计算，就能知道并未发生进位。

3. 两个多位数相加，对应数位上的两个数字，如果一个在 0~5 范围内，另一个在 5~9 范围内，那么它们是否发生进位，要根据补数情况进行分析。

那么什么是补数呢？如果两个数之和是 10、100 或者 1 000 这样的整十、整百、整千的数，就称这两个数互为补数。比如 8 关于 10 的补数是 2，78 关于 100 的补数是 22，568 关于 1 000 的补数是 432。（在本小节中，我们提到的补数都是相加等于 10 的数对）

我们以 3+8 为例，3 在 0~5 范围内，8 在 5~9 范围内，由于 8 的补数是 2，而 3 比 2 大，所以 3+8 就超过 10，发生了进位。

对于这种发生进位的加法，以 518+66 为例，你的心算过程可以是这样的：

第一步，数位对齐。

	百位	十位	个位
加数	5	1	8
加数		6	6
和	5	1+6	8+6

第二步，快速扫一眼，找到发生进位的数对。因为 8 和 6 都在 5~9 的范围内，所以个位之和超过 10，个位向十位发生了进位，这两个数之和的十位数字需要在 1+6 的基础上再加 1。

第三步，从百位向个位依次相加，和的百位数字是 5，和的十位数字是 1+6+1，即 8，和的个位数字可以有两种思路：

（1）如果你对于 20 以内加法运算非常流利的话，通过计算 8+6，可以快速得到 14，所以和的个位数字就是 4；

（2）通过补数也能直接得到和的个位数字：我们要计算 8+6 的个位数字，只需要用一个数减去另一个数的补数即可，为了方便计算尽量找较大数字的补数。比如 8 和 6 相比，8 是较大的数字，8 的补数是 2，那么 8+6 和的个位数字就可以用 6-2 得到。

有了这些知识，你的多位数心算能力是否能立竿见影地提高呢？下面到了大展身手的时间。

【家庭挑战】

1. 请用心算的方法计算以下各式的结果。

36+59	78+16	21+40	723+852	41+8
81+5	16+27	17+64	38+44	9+68
780+27	81+3	41+70	215+90	27+69

2.【知识总结】中标注的一句话："如果与它们紧邻的低位没有发生进位"有什么意义？请举例说明这句话的重要性。

【能力拓展】

1. 下图是小明口算本里的作业题，请你帮他找出错题，并且思考：小明的计算错误是哪里出了问题？

$$16+26=32 \qquad 64+28=82 \qquad 19+52=61$$
$$16+82=98 \qquad 18+6=78 \qquad 24+53=77$$
$$21+24=45 \qquad 5+27=77 \qquad 15+64=79$$
$$19+62=71 \qquad 44+16=50 \qquad 16+120=280$$

2. 下面的各题发生了连续进位，请用心算的方法计算下列各式。

| 45+66 | 46+95 | 256+467 | 32+69 | 755+247 |

【家长小提示】

1. 想要建立并培养心算能力，首先任务是教会孩子观察。面对一个算式，要引导孩子分析它的特征，并快速找到最适宜的计算方法，而不是盲目计算。这个过程，将有助于孩子真正建立数感。

2. 心算方法和竖式计算有着显著的区别，想要做好心算，首先要具备非常扎实的竖式计算基础。

3. 加法心算主要有"数位对齐""判断进位""对应求和"这三个步骤。每一步都非常重要，孩子需要通过大量练习来逐渐掌握和感受加法心算的节奏和技巧。

4. 在【能力拓展】板块，出现的算式都是典型的连进位加法运算。它们的共同特点是在两个（甚至多个）相邻数位上发生了连续进位，这就要求在相邻更高位上都要进行额外加 1 的操作，所以计算难度都比较大。要特别重视 755+247 这样的算式，虽然百位数字和十位数字之和都是 9，但个位数字 5 与 7 的和超过 10 发生了进位。这种情况下，个位向十位的进位会引发一系列的连锁反应，即所谓的"多米诺骨牌效应"。十位之和原本是 9，9 加上进位的 1 也会向百位再进 1。同理，百位之和原本是 9，9 加上进位的 1 又会向千位进 1。因此，最终发生了三次连续进位，得到的结果是 1 002。

第（三）节　玩转多位数减法

什么？多位数减法也要求心算吗？答案是肯定的。即便你以前在多位数减法上经常出错，只要掌握了正确的方法，也能让你的计算变得轻松自如。从不熟练到熟练，其实只差一个理解和领悟的过程。

现在请好好梳理一下你的思路，想想上一节多位数加法的心算方法，不知道你有没有发现，心算最重要的步骤就是"观察"。当我们面对一个算式的时候，首要任务就是观察它的特征，找到解题的突破口。这就是让你的数学能力迈上新台阶的关键！

言归正传，有了之前的练习，相信你完全有能力胜任这一类多位数减法。

| 52-10 | 489-212 | 698-574 | 46-2 | 89-7 |
| 89-74 | 372-12 | 610-10 | 854-123 | 46-23 |

它们的结果分别是：

| 42 | 277 | 124 | 44 | 82 |
| 15 | 360 | 600 | 731 | 23 |

通过观察我们发现，当数位对齐后，以上算式都没有发生退位，所以直接从高位向低位进行简单减法就好。比如698-574，我们发现被减数和减数都是三位数，无论是百位、十位、还是个位，被减数对应数位上的数字都比减数大，就可以直接通过依次从高位向低位求差而得到最终结果。6-5=1，9-7=2，8-4=4，把它们按顺序拼在一起，就是124。

不过，现在最棘手的可不是这种最简单的减法。面对那些需要退位甚至连续退位的减法，我们又该怎样处理呢？

【亲子探索】

请用你最擅长的方法，完成以下各式，看看谁又快又准。

| 58-29 | 81-22 | 37-18 | 55-16 | 62-53 |
| 56-17 | 90-21 | 43-24 | 64-15 | 88-19 |

下面到了公布正确答案的时间：

| 29 | 59 | 19 | 39 | 9 |
| 39 | 69 | 19 | 49 | 69 |

再看一眼上面的答案，你发现什么特点了吗？

猜对了！答案的个位数字都是9。可是这些算式看起来形态各异，为什么它们的结果会有这样惊人的相似呢？要回答这样的问题，我们就要抓住关键点：两数之差的个位数字是由被减数的个位数字与减数的个位数字共同决定的。

数感大爆炸：重塑孩子的数学思维

在上面十个算式中，为了让自己的思维更精准，我们只列出了每组算式的个位数字：

8–9   1–2   7–8   5–6   2–3

6–7   0–1   3–4   4–5   8–9

是不是有种眼前一亮的感觉呢？通过观察，我们发现每一组数都有这么一个共同特点：被减数的个位数字比减数的个位数字少 1！

这可是个了不起的规律，有了它，我们就有了接下来的总结。

【知识总结】

以下是倒序相减法。

（1）如果被减数的个位数字比减数少 1，对应差的个位数字就是 9。接下来，请你根据这一规律，自己进行总结。

（2）如果被减数的个位数字比减数少 2，对应差的个位数字就是（   ）。

（3）如果被减数的个位数字比减数少 3，对应差的个位数字就是（   ）。

（4）如果被减数的个位数字比减数少 4，对应差的个位数字就是（   ）。

类似的规律还有许多：如果被减数的个位数字比减数少 5；对应差的个位数字就是 5；如果被减数的个位数字比减数少 6；对应差的个位数字就是 4；

…………

你发现了吗？后面的结论虽然也是正确的，但是就不那么实用了。对于我们来说，只会对非常接近的两个数字敏感，比如 71–32、65–27、36–17。而对于像 81–29 这样的算式，个位数字的求解可能还有更顺手的方法。比如根据本章第一节 9 个 9 个数的经验，当减数的个位数字是 9 时，如果发生退位，差的个位数字就等于被减数的个位数字加 1。在 81–29 中，由于个位不够减，根据这条经验，就可以直接得到差的个位数字是 1+1=2。

当然，要计算多位数减法，不是仅仅解决个位数就够的，这时候我们就需要把个位的规律进行推广。

【家庭挑战】

请把个位计算的经验进行迁移，以组为单位，总结出合适的计算方法。

第一组：

514-123　　127-46　　　815-34　　　602-312　　　851-180

第二组：

714-286　　150-89　　　146-58　　　614-129　　　413-134

第三组：

213-114　　815-216　　　478-279　　　543-146　　　781-384

提示：第一组算式最简单，要进行心算，只需适当地把刚才我们学到的关于个位的计算规律进行迁移。

比如514-123，首先观察算式，发现十位不够减会发生借位，这样差的百位数字就要在5-1的基础上再减去借位的1：5-1-1=3；被减数的十位数字比减数少1，因而差的十位数字就是9；个位数字用4-3=1即可直接得到；这样就得到了391。

以上思维过程虽然看似冗长，但只要经过有意识地练习，就会有神奇的效果。而后两组算式相对来说难度更高，因为它们涉及了连续退位。

我们以714-286为例。

首先通过观察发现十位和个位均不够减，所以就能初步确定百位和十位都要在原来的基础上减1，7-2-1=4，所以百位数字是4；由于十位数字1＜8，所以十位数字的差原本可以通过1+2来求，又因为个位从十位借走了1个十，所以十位数字就是1+2-1，得到2；被减数的个位数字4和减数的个位数字6非常接近，它们相差2，所以差的个位数字就可以直接得到8；所以714-286=428。

对于第三组算式来说，除了上述方法，其实还有更巧妙的算法。

比如213-114，虽然看起来只有个位不够减，但实际上，这也是典型的连续退减法。十位数字相等，个位不够减的情况下需要向十位借位，就导致十位还需要向百位借位。对于这样的问题，可以用凑数法，把 114 看成 113，213 –113=100，所以 213–114=99。采用这样的方法，计算就能大大简化！你学到了没有？

【能力拓展】

813–140	89–15	510–128	621–158	412–306
815–718	82–53	76–67	826–136	178–78
808–709	47–28	760–280	561–198	810–127

【家长小提示】

1. 减法心算有许多种方法，在孩子的实际计算过程中，思维的灵活性非常重要。为了提升孩子的做题速度和正确率，我们需要在引导他们观察算式特点、理解计算基本原理的基础上，鼓励他们在实际操作中积累经验并探索新方法。鉴于书中题目数量有限，我们可以在家庭活动中，互相出题，尽可能地涵盖更多种类的题。

2. 对于 621–158 这样的连续退位运算，还可以运用补数思维，先用 621 –200 得到 421，这样和减去 158 相比，就相当于多减了 42。而 42 正是 58 关于 100 的补数，最后只需要在 421 的基础上把 42 加回来，即 421+42=463。这样就巧妙地避免了复杂的连续退位减法的过程。

第四节 九九乘法表大通关

说起九九乘法表，相信你一定不会陌生。在小学二年级时，我们就已经背得滚瓜烂熟了。然而，要想真正学会这张表，并培养出乘法的数感，仅仅会背是远远不够的。

那么，现在请我们共同深呼吸，准备进入亲子探索吧。

【亲子探索】

1. 活用口诀。

下列数有些是九九乘法表中的乘积，有些不是，请挑出九九乘法表中的得数，并说出对应的口诀。

23，24，29。

答：23 和 29 不是九九乘法表中的得数，24 是表中的得数。与 24 对应的乘法口诀是：四六二十四和三八二十四。

再接着来，还是按照刚才的要求完成下面各数的筛选。

4，9，12，17，18，19，21，26，28，34，35，36，47，48，49，52，54，64，68，72，75。

怎么样？要完成这些问题并不是那么容易吧！要完成这道题，你需要在记忆的基础上有机整合。

答：17、19、26、34、47、52、68、75 都不是表中的得数，其他数对应的口诀分别是：

4：一四得四，二二得四；　　9：一九得九，三三得九；

12：二六十二，三四十二；　　18：二九十八，三六十八；

21：三七二十一；　　　　　　28：四七二十八；

35：五七三十五；　　　　　　36：四九三十六，六六三十六；

48：六八四十八；　　　　　　49：七七四十九；

54：六九五十四；　　　　　　64：八八六十四；

72：八九七十二。

2. 填数游戏。

请分别从 0~9 中挑选合适的数字填到下面的"□"和"△"内，使等式成立。

（1）□×7=△9　　　　　　（2）□×6=△4

（3）9×□=△8　　　　　　（4）8×□=△6

（5）□×5=△5　　　　　（6）3×□=△1

（7）4×□=△3

为了方便理解，以（1）举例说明。

要想解决这样的问题，我们需要先把抽象的数字符号用语言进行表达，变为：某个数字与7的乘积的个位数字是9，问这个数字是几？对应于不同的数字，运用的口诀也不一样。如果□内的数比7小，对应的口诀是几七几十九；如果□内的数大于或者等于7，对应的口诀是七几几十九。

这样的话，很可能你要把跟7相关的乘法口诀都背一遍：一七得七、二七十四、三七二十一、四七二十八、五七三十五、六七四十二、七七四十九、七八五十六、七九六十三。

你看，其实我们已经找到了答案，7×7=49，所以题目（1）的□应该填7，△填4。

通过这样的方式，就能让你对两数乘积的个位数字了如指掌！

接下来请自行完成剩下的题目吧！完成后可以与下面的答案核对一下。

答案：

（1）□=7，△=4。

（2）□=4，△=2；或□=9，△=5。

（3）□=2，△=1。

（4）□=2，△=1；或□=7，△=5。

（5）□=1，△=0；或□=3，△=1；或□=5，△=2；或□=7，△=3；或□=9，△=4。

（6）□=7，△=2。

（7）找不到对应的数字使得等式成立。

如果上面的数字你能回答得不错不漏，那就相当厉害了！现在回过头来看看刚才的这几道小题，它们有的只有一个答案，有的答案不唯一，有的甚至没有答案，你知道这是为什么吗？

【知识总结】

为了方便说明，请参考下面的大表。

1	2	3	4	5	6	7	8	9
2	4	6	8	10	12	14	16	18
3	6	9	12	15	18	21	24	27
4	8	12	16	20	24	28	32	36
5	10	15	20	25	30	35	40	45
6	12	18	24	30	36	42	48	54
7	14	21	28	35	42	49	56	63
8	16	24	32	40	48	56	64	72
9	18	27	36	45	54	63	72	81

和我们常见的阶梯状乘法表不同，这张方形表格包含了更多维度的信息，有助于我们把一位数乘一位数的乘法观察得更加全面。

1. 通过第一列，我们发现 1~9 中的某个数字与 1 的乘积的个位数字能取到 1~9 中的任何一个数；

2. 通过第二列，我们发现 1~9 中的某个数字与 2 的乘积的个位数字能取到 2、4、6、8、0 这些数字；

后面的总结，请自行完成：

3. 通过第三列，我们发现 1~9 中的某个数字与 3 的乘积的个位数字能取到_____；

4. 通过第四列，我们发现 1~9 中的某个数字与 4 的乘积的个位数字能取到_____；

5. 通过第五列，我们发现 1~9 中的某个数字与 5 的乘积的个位数字能取到_____；

6. 通过第六列，我们发现 1~9 中的某个数字与 6 的乘积的个位数字能取到_____；

7. 通过第七列，我们发现 1~9 中的某个数字与 7 的乘积的个位数字能取到_____；

8. 通过第八列，我们发现 1~9 中的某个数字与 8 的乘积的个位数字能取到_____；

9. 通过第九列，我们发现 1~9 中的某个数字与 9 的乘积的个位数字能取到_____。

通过进一步梳理上述的九个结论，我们发现，通过乘积的个位数字入手进行分类，总共有以下三种情况：

（1）从 1~9 中选取两个数字相乘，如果其中一个乘数是 1、3、7、9 中的某个数字，它们的乘积的个位数字能取到 1~9 所有数字；

（2）从 1~9 中选取两个数字相乘，如果其中一个乘数是 2、4、6、8 中的某个数字，它们的乘积的个位数字只能取到 0、2、4、6、8 这几个数字；

（3）从 1~9 中选取两个数字相乘，如果其中一个乘数是 5，它们的乘积的个位数字只能取到 0 或 5。更进一步地说，5 和奇数的乘积的个位数字是 5，5 和偶数的乘积的个位数字是 0。

【家庭挑战】

1. 请从 0~9 中挑选合适的数字填到下面的 □ 和 △ 内，使得等式成立，并想想有没有更快更好的方法。

（1）□ ×6= △ 8　　　　　　　（2）8 × □ = △ 6

（3）4 × □ = △ 6　　　　　　　（4）□ ×2= △ 0

（5）□ ×8= △ 2

不知道你发现了没有，这些式子左边的数字都有一个共同特点，它们全都是 2、4、6、8 中的偶数，之前的【知识总结】提到过，它们和其他数字乘积的个位数字也只能是偶数。

下面是答案。为了更易于发现规律，我们只列出□内的数字：

（1）3 或 8　　　　　　　　　（2）2 或 7

（3）4 或 9　　　　　　　　　（4）0 或 5

（5）4 或 9

观察每一组的两个数，是不是有些眼熟呢？没错，它们就是我们之前说的跟 5 有关的几对数——1 和 6、2 和 7、3 和 8、4 和 9、5 和 0。在解题过程中，我们只要找到其中一个数字，另一个也就能很快推出了。

比如对于（1），当我们运用口诀找到三六十八后，□内数字的另一种可能性完全可以用 3+5 直接得到。

你们知道这是为什么吗？将在【家长小提示】揭晓答案哦。

好了，有了这些铺垫，请和孩子一起快速完成下面的题吧。

2. 请从 0~9 中挑选合适的数字填到下面的□和△内，使得等式成立。

（1）$6 \times \square = \triangle 2$　　　　　　　（2）$\square \times 8 = \triangle 4$

（3）$\square \times 4 = \triangle 8$　　　　　　　（4）$2 \times \square = \triangle 4$

【能力拓展】

为了建立更加强大的数感，请完成下面各题，并进行总结。

1. 在□内填入相同的数字使得等式成立。

（1）$\square \times 5 = 2\square$　　　　　　　（2）$9 \times \square = 4\square$

（3）$7 \times \square = 3\square$　　　　　　　（4）$\square \times 6 = 3\square$

提示：有两种思路可以作为参考。一种是逐一试数，在这个过程中能提升运用乘法表的熟练度；另一种则是从乘法的意义出发，对增强数学思维的逻辑性非常有帮助。以（1）为例，$\square \times 5 = 2\square$，可以这样思考：$5 \times \square = 20 + \square$，我们把等号看成跷跷板，左边和右边同时加上或是减去一个相同数字，等号依然成立。所以接下来我们在等式两边同时减去一个□，就变成：$4 \times \square = 20$，$\square = 5$。

2. 下面各组都摘自九九乘法正方形表中的某一列，每组中只有一个数据是错误的，请挑出它们。

（1）21，56，48，35，14，63.

（2）24，36，16，48，64，72.

（3）27，9，36，45，62，81.

【家长小提示】

1. 熟练掌握九九乘法表对于培养数感至关重要，这要求孩子不仅要能熟练背诵，还要有灵活运用的能力。为此，本节特别设计的几个亲子活动可以有效加深孩子对于九九乘法表的理解程度。

2. 【亲子探索】1 中的问题主要考察的是孩子逆用乘法口诀的能力，这一考察方式可以进一步变化。比如，在九九乘法表中，乘积范围是 1~81，我们可以从这个范围内随机挑选一个数字，引导孩子说出与它对应的乘法口诀。这是小学高年级分数运算的重要基础。

3. 【家庭挑战】中，□内数字组合相差 5 的原因，我们可以以 $\square \times 6 = \triangle 8$ 为例进行说明。3×6 表示 3 个 6，8×6 表示 8 个 6，它们之间相差的是 5 个 6。我们知道 5 与任意偶数的乘积个位数字都是 0，所以 $8 \times 6 = 3 \times 6 + 5 \times 6$，因此对应结果的个位数字也和 3×6 一样都是 8。

第（五）节　苦练乘法心算

之所以说是"苦练"，是因为要想提高乘法心算，实在是一个比较艰辛的过程。例如面对 18×6 这样的算式，我们应尽量避免依赖列竖式计算。如果你一遇到表外乘法就列竖式，你的计算能力恐怕难以有显著提升。

当然，并不是完全不让你使用竖式。要知道，乘法竖式是解决复杂运算的得力工具，像 364×68 这样的算式，我们就离不开竖式。但对于一些简单的运算，比如两位数乘一位数、两位数乘两位数，完全可以通过心算解决。虽然这个过程比较艰辛，可一旦当你掌握了心算要领后，就会立即尝到"甜头"。这就是典型的"先苦后甜"。如果你能按照本节的要求认真执行，你的心算能力必将达到一个新的高度。

【亲子探索】

下面这张大表是你提升乘法心算的好帮手——大九九乘法表。

	1	2	3	4	5	6	7	8	9	10	11	12	13	14	15	16	17	18	19
1																			
2																			
3																			
4																			
5																			
6																			
7																			
8																			
9																			
10																			
11																			
12																			
13																			
14																			
15																			
16																			
17																			
18																			
19																			

大九九表由 19 行 19 列的方格构成，与九九乘法表相同，也需要在每个格子里填入对应数的乘积。例如填写行标为 8，列标为 6 的空格，运用乘法口诀，我们将很快得出 48。知道了游戏规则，接下来请你填好这张大表吧！

在不列竖式的前提下，只运用我们学过的乘法口诀以及整数与 10 相乘的常识，相信你可以轻松填出下图的部分。

	1	2	3	4	5	6	7	8	9	10	11	12	13	14	15	16	17	18	19
1	1	2	3	4	5	6	7	8	9	10									
2	2	4	6	8	10	12	14	16	18	20									
3	3	6	9	12	15	18	21	24	27	30									
4	4	8	12	16	20	24	28	32	36	40									
5	5	10	15	20	25	30	35	40	45	50									
6	6	12	18	24	30	36	42	48	54	60									
7	7	14	21	28	35	42	49	56	63	70									
8	8	16	24	32	40	48	56	64	72	80									
9	9	18	27	36	45	54	63	72	81	90									
10	10	20	30	40	50	60	70	80	90	100	110	120	130	140	150	160	170	180	190
11										110									
12										120									
13										130									
14										140									
15										150									
16										160									
17										170									
18										180									
19										190									

你发现了吗？这些数正好组成一个汉字"十"的形状，像分界线一样把整张大表分成了四块区域。

从图中我们可以看出，左上角区域是一位数乘一位数，也就是九九乘法表，右上角区域是一位数乘两位数，左下角区域是两位数乘一位数，右下角区域是两位数乘两位数。

由于两位数乘一位数与一位数乘两位数是可以互相转化的，我们只需研究前者就好了。这就是我们在本小节要解决的问题之一——两位数与一位数的乘法心算。

和加减法心算类似，乘法心算也建议从高位向低位进行。

拿 18×4 举例，可以把它看成 18 个 4。先算 10 个 4，10×4=40；再算 8 个 4，8×4=32；最后再把 40 和 32 相加，就得到了 72。

这个心算过程体现在算式上就是：

$18 \times 4 = 10 \times 4 + 8 \times 4 = 40 + 32 = 72.$

【知识总结】

十几与一位数乘法心算步骤：

第一步，算出这个一位数和 10 的乘积，也就是在一位数的后面补一个零；

第二步，利用口诀算出这两个乘数个位数字的乘积；

第三步，把前两步的结果加在一起。

充分熟悉后，这些过程都可以在脑海里呈现。再举几个例子，让我们更加熟悉这个心算过程：

$13 \times 5 = 50 + 15 = 65$　　　$6 \times 14 = 60 + 24 = 84$　　　$16 \times 8 = 80 + 48 = 128$

通过此方法，我们就能把大九九表的左下角区域和右上角区域的数值心算出来，请你花时间填写完成。

大九九表内的两位数乘一位数运算，都是十几与一位数的乘积。当十位数字不是 1 时，略加调整仍可以用先乘后加、先高位后低位的顺序来心算。

拿 26×4 举例，可以分三步完成：第一步，20×4=80；第二步，6×4=24；第三步，80+24=104。

你学会了吗？

【家庭挑战】

用两位数乘一位数的心算方法完成以下各题。（最好尝试把过程在脑子里

完成，直接出结果）

14×4	78×3	26×7	46×5
35×6	16×8	32×6	8×42
7×12	9×72	2×49	98×6
19×7	38×4	6×73	39×3
6×18	16×7	7×16	91×3

【能力拓展】

虽然乘法心算初看比较复杂，但是真正掌握要领之后，你会发现后面的学习将变得愈发轻松，这种益处会随着学习的深入越来越明显。不过，心急吃不了热豆腐，对于初学者而言，乘法心算需要一段时间去逐步理解和消化，可能是几天，甚至是几个星期的时间。一定要把这部分内容充分掌握，再迎接下面的挑战。

也许你注意到了，运用两位数乘一位数的心算，大九九表还剩下右下角的部分没完成，它们应该怎样通过心算完成呢？

拿 16×12 举例，它可以转化成 $16 \times 10 + 16 \times 2$。

具体流程，你可以这样算：第一步，$16 \times 10=160$；第二步，$16 \times 2=32$；第三步，$160 + 32=192$。

两位数乘两位数的心算步骤：

第一步，计算第一个两位数与第二个两位数十位数字的乘积，后面补零；

第二步，计算第一个两位数与第二个两位数个位数字的乘积；

第三步，将前两步的结果相加。

比如 24×31，以下是你的思维步骤：

第一步，$24 \times 30=720$。（如果这一步觉得难，就说明两位数乘一位数运算不过关，建议多加练习）

第二步，$24 \times 1=24$。

第三步，$720 + 24=744$。

这样，大九九表内的所有区域，就都可以用心算来完成了。快去试试吧。看，下图就是大九九表的全貌。你填对了吗?

	1	2	3	4	5	6	7	8	9	10	11	12	13	14	15	16	17	18	19
1	1	2	3	4	5	6	7	8	9	10	11	12	13	14	15	16	17	18	19
2	2	4	6	8	10	12	14	16	18	20	22	24	26	28	30	32	34	36	38
3	3	6	9	12	15	18	21	24	27	30	33	36	39	42	45	48	51	54	57
4	4	8	12	16	20	24	28	32	36	40	44	48	52	56	60	64	68	72	76
5	5	10	15	20	25	30	35	40	45	50	55	60	65	70	75	80	85	90	95
6	6	12	18	24	30	36	42	48	54	60	66	72	78	84	90	96	102	108	114
7	7	14	21	28	35	42	49	56	63	70	77	84	91	98	105	112	119	126	133
8	8	16	24	32	40	48	56	64	72	80	88	96	104	112	120	128	136	144	152
9	9	18	27	36	45	54	63	72	81	90	99	108	117	126	135	144	153	162	171
10	10	20	30	40	50	60	70	80	90	100	110	120	130	140	150	160	170	180	190
11	11	22	33	44	55	66	77	88	99	110	121	132	143	154	165	176	187	198	209
12	12	24	36	48	60	72	84	96	108	120	132	144	156	168	180	192	204	216	228
13	13	26	39	52	65	78	91	104	117	130	143	156	169	182	195	208	221	234	247
14	14	28	42	56	70	84	98	112	126	140	154	168	182	196	210	224	238	252	266
15	15	30	45	60	75	90	105	120	135	150	165	180	195	210	225	240	255	270	285
16	16	32	48	64	80	96	112	128	144	160	176	192	208	224	240	256	272	288	304
17	17	34	51	68	85	102	119	136	153	170	187	204	221	238	255	272	289	306	323
18	18	36	54	72	90	108	126	144	162	180	198	216	234	252	270	288	306	324	342
19	19	38	57	76	95	114	133	152	171	190	209	228	247	266	285	304	323	342	361

【家长小提示】

1. 本小节中的乘法心算练习一定要建立在扎实的竖式运算基础上，否则会因为基础不扎实而影响心算效果。竖式的练习可以通过每天随机选取三道两位数乘一位数的运算和两道两位数乘两位数的运算，直至流畅完成以及正确率达到 100%。

2. 在理解并掌握乘法心算原理的基础上，为了巩固心算能力，需要每天坚持进行心算练习。具体方式可以按以下几个层次进行阶梯式练习。

（1）每天抽出五道大九九表中两位数乘一位数的算式用于心算，比如 15×6、12×3、16×7、17×4、13×7；

（2）每天抽出三道大九九表中的两位数乘一位数算式以及两道大九九表外的两位数乘一位数算式进行心算，比如 14×5、18×9、16×5、26×4、37×8；

（3）每天抽出三道大九九表中的两位数乘一位数算式以及两道两位数乘

两位数算式进行心算，比如 12×13、16×14、19×4、18×3、9×13；

（4）每天抽出三道大九九表中的两位数乘两位数算式以及两道大九九表外的两位数乘法进行心算，比如 15×12、13×14、12×18、23×22、31×21；

上述每个阶段呈递进关系，只有把每一关顺利通过了，才能进入下一关。虽然每天只花费不到十分钟，但是日积月累就会有意想不到的提升。

3. 乘法心算是数感培养中非常重要的一环，然而其难度也不容小觑，完成上述所有阶段可能需要几个月的时间。在此期间，我们需要多鼓励孩子，善于发现他们的每一点进步，并予以肯定。

第六节　除法心算的三级跳

我们讨论计算速度时，通常会注意到一个特点：减法比加法慢，除法又比乘法慢。在加、减、乘、除这四种基本运算里，计算除法的速度是最慢的，而且错误率也相对较高。这是为什么呢？

这是因为我们在进行除法运算时，通常是以乘法为依据来推算的。每当面对一个除法算式，我们都需要联想到相关的乘法口诀来辅助计算。因此，每个人对于九九乘法表的掌握程度往往直接决定了除法运算的流畅度和准确性。

那么，我们该如何有效提高除法运算的能力呢？就让我们带着这个问题，一起迎接下面的挑战吧！

【亲子探索】

完成下列三组算式，看谁算得又快又对。

第 1 组：

$32 \div 4$	$56 \div 7$	$72 \div 8$	$36 \div 4$
$18 \div 3$	$63 \div 7$	$48 \div 6$	$24 \div 3$
$12 \div 3$	$21 \div 3$	$12 \div 2$	$42 \div 6$

第2组：

32÷8	56÷8	72÷9	36÷9
18÷6	63÷9	48÷8	24÷8
12÷4	21÷7	12÷6	42÷7

第3组：

67÷8	16÷3	26÷6	34÷8
18÷4	23÷5	25÷8	37÷6
48÷7	63÷8	70÷9	47÷6
61÷9	40÷6	44÷9	32÷7

下面公布答案：

第1组：

8	8	9	9
6	9	8	8
4	7	6	7

第2组：

4	7	8	4
3	7	6	3
3	3	2	6

第3组：

8……3	5……1	4……2	4……2
4……2	4……3	3……1	6……1
6……6	7……7	7……7	7……5
6……7	6……4	4……8	4……4

恭喜你，一口气完成了这么多道题！仔细观察对比这三组题，在计算过程中你发现有什么差别了吗？别小看了任何不起眼的小差别，它们是你提升数感的关键所在！

【知识总结】

经过对比你会发现，第 1 组和第 2 组都是能够整除的算式，而第 3 组的结果是带余数的。回顾刚才的过程，你会发现第 1 组计算的难度明显低于第 2 组，这又是什么原因呢？答案很简单：它们对于乘法口诀的运用方式是不同的！

当我们在计算第 1 组中的算式 32÷4 时，运用的口诀是四几三十二，只要熟记九九乘法表，一下子就能说出四八三十二，所以 32÷4=8。

而反观第 2 组中的算式 32÷8，如果我们还是沿用之前的口诀——八几三十二，就找不到答案了。我们需要改用这样的形式——几八三十二，才能脱口而出：四八三十二。所以别小看了简单的表内除法，这里面有许多值得我们深思的地方。

如果再仔细观察一下第 1 组和第 2 组算式，你会发现，第 1 组的共同特点是商比除数大，而第 2 组算式则是商比除数小。由此我们得到结论：商和除数的相对大小，决定了运用口诀的方式。可我们如何提前预判到底是除数更大还是商更大呢？

接下来请把目光锁定在商和除数相等的情形上，我们需要一条参考线，如下图所示。

1	2	3	4	5	6	7	8	9
2	4	6	8	10	12	14	16	18
3	6	9	12	15	18	21	24	27
4	8	12	16	20	24	28	32	36
5	10	15	20	25	30	35	40	45
6	12	18	24	30	36	42	48	54
7	14	21	28	35	42	49	56	63
8	16	24	32	40	48	56	64	72
9	18	27	36	45	54	63	72	81

图中被上色（绿色）的一串数我们称之为完全平方数，它们都是某个整数的平方：$1=1^2$、$4=2^2$、$9=3^2$、……

还有另一种表达形式：$1÷1=1$、$4÷2=2$、$9÷3=3$、……

在这些算式中，就出现了除数和商相等的情况。

我们可以把这条绿色的斜线作为参照，去感受在做表内除法运算时，套用乘法口诀的不同形式。

在 $32÷4$ 中，因为 4 的平方是 16，而 32 比 16 大，所以运用口诀时需要把除数 4 放在第一位：四几三十二。在 $32÷8$ 中，因为 8 的平方是 64，而 32 比 64 小，所以运用口诀时需要把除数 8 放在第二位，即几八三十二。

当然，上面的方法主要推荐给对于除法掌握得还不够熟练的小朋友们，如果这部分计算你的孩子已经熟练掌握，可以着重看接下来的内容。

和前两组算式相比，第三组都是带余数的除法，运算过程复杂许多。要解决这样的问题，我们需要进一步完善对于九九乘法表的认知。还记得我们前面提到的数数的五个层次吗？其中的第五层次就是数出乘法表。比如从 0 开始 8 个 8 个数数，实际上对应的就是 8 的倍数，它们都出现在九九乘法表的第八列。

1	2	3	4	5	6	7	8	9
2	4	6	8	10	12	14	16	18
3	6	9	12	15	18	21	24	27
4	8	12	16	20	24	28	32	36
5	10	15	20	25	30	35	40	45
6	12	18	24	30	36	42	48	54
7	14	21	28	35	42	49	56	63
8	16	24	32	40	48	56	64	72
9	18	27	36	45	54	63	72	81

所以想要把除法学精到，可以经常用数数的方式来梳理乘法表，记住这些倍数：

第 1 列：1，2，3，4，5，6，7，8，9.

第 2 列：2，4，6，8，10，12，14，16，18.

第 3 列：3，6，9，12，15，18，21，24，27.

第 4 列：4，8，12，16，20，24，28，32，36.

第 5 列：5，10，15，20，25，30，35，40，45.

第 6 列：6，12，18，24，30，36，42，48，54.

第 7 列：7，14，21，28，35，42，49，56，63.

第 8 列：8，16，24，32，40，48，56，64，72.

第 9 列：9，18，27，36，45，54，63，72，81.

牢记这些倍数对于提高除法计算速度非常有效。比如 $67 \div 8$，因为 67 介于 64 和 72 之间，$64 \div 8 = 8$，$67 - 64 = 3$，所以 $67 \div 8 = 8 \cdots\cdots 3$。

这里还有个巧算的窍门。比如，要计算 $48 \div 7$，我们一下子就能联想到七七四十九。接下来该怎样更快地得出结果呢？我们来画个图就知道了！

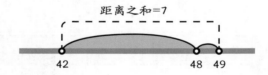

所以，当我们发现 48 距离 49 只少 1 时，直接能得到 $48 \div 7$ 的余数 $= 7 - 1$，你学会了吗？再回过头看第三组的后两行，也可以用同样的方法计算，请尝试一下，找到最适合你的方法。

【家庭挑战】

想要进一步培养关于除法的数感，训练是不可或缺的。如果你的孩子已经学过了多位数除以一位数的竖式计算，就可以以家庭为团队一起迎接下面的挑战，看谁能在最短时间内直接说出答案。

$1\,809 \div 9$　　　$2\,124 \div 3$　　　$2\,545 \div 5$　　　$6\,488 \div 8$

$4\,9637 \div 7$　　　$568 \div 8$　　　$7\,290 \div 9$　　　$42\,030 \div 6$

$369 \div 3$　　　$124 \div 4$　　　$5\,510 \div 5$　　　$6\,048 \div 6$

提示：虽然这些计算题看起来有些复杂，不过在实际计算中，它们都非常简单。这是因为被除数和除数之间呈现一种特殊的关系，被除数中的某一位或某几位是能够直接被除数整除的。比如 $49\,637 \div 7$，如果你对 7 的倍数非常熟悉，就会发现 49 637 可以分成这样的三段：49/63/7，其中每一段都可以被 7 整除，这样我们就可以直接把它的商说出来：7 091，是不是很神奇呢？不过在这个过程中，千万别忘了某一位（最高位除外）数字不够除的时候，在商的对应位置补 0，以保证计算的准确性。

【能力拓展】

在实际运算中，有这样一类题，我们根据题干描述可以判断出这个算式是能够整除的，比如：

老师给若干名同学发奖品，每位同学都能分到 27 根彩笔，总共准备了 216 根彩笔，请问有多少个获奖小朋友呢？

遇到这样的题，我们至少应该有两个思维过程：一是能很快列出算式：$216 \div 27$；二是根据题意推知这个算式能够整除。有了这两点，不用列竖式也能算出答案。$216 < 270$，所以计算结果肯定是一位数。这时，只需要考虑个位数字的乘积就可以了，具体是几呢？我们可以用口代替，$216 \div 27 = \square$，对应的乘法算式是：$27 \times \square = 216$，通过之前的内容，我们知道 216 的末位数字 6 是由 27 的个位数字 7 和口乘积决定的，因为七八五十六，所以就能很快推知结果等于 8。是不是很巧妙？

下面的算式都能整除，请你直接写出计算结果：

$182 \div 26$　　　$171 \div 19$　　　$328 \div 41$　　　$603 \div 67$

$184 \div 46$　　　$266 \div 38$　　　$85 \div 17$　　　$91 \div 13$

$162 \div 54$　　　$128 \div 16$　　　$203 \div 29$　　　$222 \div 37$

【家长小提示】

1. 对于基础的除法学习，仅仅会背九九乘法表是不够的，尤其是阶梯状的乘法表，它所呈现出来的内容有限，需要让孩子多进行几个几个地数数，或者观察正方形的乘法口诀表，记住那些关键数字，也就是从零开始几个几个能数到的数。这样当孩子遇到复杂的除法问题时，他们将更有据可循。

2. 和乘法运算相比，除法算式对于孩子思维的灵活度要求更高。在平时的练习中，我们需要更加重视孩子对于除法运算原理的理解，并鼓励他们尝试运用不同的运算策略，以此培养数学思维。

3. 【能力拓展】的练习题，只有当确定计算结果为一位数且能够整除的情况下才适用此方法。同时也要注重检验过程的重要性，通过多角度思考，让孩子对于运算有更全面、更深入的理解。当运用末位数字法不能确定唯一解时，需要通过估算范围进行选择。比如 $128 \div 16$，虽然 16 与 3 和 8 的乘积末位数字都是 8，但是通过估算可以得知 16×3 的计算结果是两位数，这样就排除了商为 3 的可能。

第五章　猜出来的数感

数感，往往表现为对数字的敏锐直觉。当某些数字或者符号和你玩起了捉迷藏时，我们可以通过蛛丝马迹，用猜测的方式把它们逐一找出来。"猜出来的数感"并非纯粹的猜测，它实际上是对数字规律的深入洞察和扎实基础的体现。

在本章中，你将接触到许许多多有趣且挑战性十足的题型，它们都是加强版的小练习，以一当十。大家准备好了吗？一同猜起来吧！

第一节　模糊的数字——加法篇

加法竖式看似简单，可它的背后却蕴藏着丰富的数学奥秘值得我们去探索。在本小节中，大家将遇到许多有趣的挑战，据说只有基础扎实、思路清晰的朋友，才能轻松应对并享受其中的乐趣哦！

【亲子探索】

小明同学的算数本不幸被雨水淋湿了，模模糊糊的，只能看清部分字迹。不过，赛赛老师发现如果把这些模糊不清的数字用"□"代替，就能变成非常有趣的谜题。只要小明能把方块里的空缺都填补上，就算他是完成了作业。

聪明的小伙伴们，你们能否帮帮小明呢？请在□内填入 0~9 范围内的某个数字，使得竖式成立。

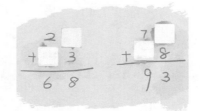

关于这类竖式填空，我们需要充分挖掘其背后的底层逻辑，分析在加法竖式的计算过程中，得数是如何求出来的。

先一起来看一下第一个竖式，从个位算起，$\square+3=8$，所以$\square$可以通过$8-3$直接得到，这样就能确定最右一列的$\square$内应该填5；

再来观察最左边的那一列，$2+\square=6$，易知相应的$\square$内应该填4。这样我们就恢复了第一个竖式。

按照同样的方法，我们接下来看第二个竖式。从最右列开始，$\square+8=3$。这里面就遇到一个小问题：因为3比8小，所以$\square$内的数字与8之和不可能是3！这就意味着个位发生了进位，虽然计算结果的个位数字是3，但是两个加数个位数字的和其实并不是3，而是13。$\square+8=13$，所以最右边的$\square$应该是5；

那么左边一列应该怎样完成呢？是$7+\square=9$吗？当然不是！因为两个加数个位数字之和满十向十位进了一位，所以正确的算式是这样的：$7+\square+1=9$。这样我们就能求出$\square=1$，任务完成。

小明终于得救了。不过先别欢呼，我们还缺少了一个关键步骤：检查！当我们把空缺的地方填好以后，必须要代入竖式中进行检验，这才算是完整的思考过程。

接下来，尝试一些新的挑战吧。

$$
\begin{array}{r}
4\ \square \\
+\ \square\ 6 \\
\hline
7\ 1
\end{array}
\qquad
\begin{array}{r}
5\ \square \\
+\quad 7 \\
\hline
\square\ 5
\end{array}
\qquad
\begin{array}{r}
5\ \square\ 8 \\
+\ \square\ 1\ \square \\
\hline
8\ 0\ 9
\end{array}
$$

```
      7 □              4 □ 2            □ 1 4
  +   □ 2          +   9 □          +   □ □
  ─────────        ─────────        ─────────
    □ 0 5            □ 9 0            2 2 5
```

【知识总结】

上述这类问题，我们又称之为加法竖式谜题。要解决它们，需要在充分理解加法竖式运算原理的基础上，拥有较强的数学思维能力。

针对这类问题，我们总结一下思路：

1. 进位和不进位的推理。

在加法竖式填空题中，在某个数位上是否发生了进位是我们思考的重点。虽然在题目中并没有明确告诉我们，但是我们可以根据数字的大小关系进一步得出结论。

在某个数位上，如果一个加数在相关数位上的数字大于和在该数位上对应的数字，就说明发生了进位；如果一个加数在相关数位上的数字小于和在该数位上对应的数字，就说明在这一位上没有发生进位；如果一个加数在相关数位上的数字等于和在该数位上对应的数字，则有两种情况：一种是另外一个加数在相关数位上的数字是 0，另一种是与它相邻的低位发生进位，另一个加数在相关数位上的数字是 9。

```
      1 2 4              3 6
  +   3 0 5          +   9 6
  ─────────        ─────────
    4 2 9            1 3 2
```

2. 位数判断。

在某些题目中，位数也能成为我们还原加法竖式的重要依据。比如下面这道题：

如果还是简单根据是否进位来进行判断，我们会发现无从下手。这时候就需要把思维充分调动起来，从位数的角度进行思考：某个三位数加1之后就变成了四位数。这到底是怎样的三位数和四位数呢？那显然是最大的三位数和最小的四位数呀！你猜对了吗？

$$\begin{array}{cccc} & \square & \square & \square \\ + & & & 1 \\ \hline \square & \square & \square & \square \end{array}$$

$$\begin{array}{cccc} & 9 & 9 & 9 \\ + & & & 1 \\ \hline 1 & 0 & 0 & 0 \end{array}$$

3．知少求多。

一般简单的加法竖式谜题，每一列都是知二求一的。凡是这样的问题，我们都可以从前面给出的两个角度进行思考。不过也有例外，比如下面的问题：

最右一列 6＞0，所以发生了进位。从而求出第二个加数的个位数字是 4，个位向十位进 1。不过我们接下来就会发现，在还原十位的时候遇到了点困难。

$$\begin{array}{ccc} & \square & 6 \\ + & \square & \square \\ \hline \square & 9 & 0 \end{array}$$

$\square+\square+1=9$。如果真是这样的话，十位就没有发生进位，这两个数的和就不会是三位数了，与已知矛盾。所以正确的算式是：$\square+\square+1=19$，$\square+\square=18$。这样的算式看起来并不好求解，不过如果你真的把聪明的小脑瓜运转起来就会意识到，这两个 $\square$ 表示的数字都是加数的最高位，所以只能选取 1~9 范围内的数字，又因为它们相加等于 18，所以只能同时都是最大的一位数 9，9+9=18。

回过头来一看，96+94=190，完全正确！这样你就圆满地完成了任务。

$$\begin{array}{ccc} & 9 & 6 \\ + & 9 & 4 \\ \hline 1 & 9 & 0 \end{array}$$

怎么样，你学会了吗？如果说前面的谜题都是小菜一碟，就请继续迎接更加刺激的挑战吧！

【家庭挑战】

请在 □ 内填入相关数字，使得算式成立。

$$
\begin{array}{r}
8\,\square \\
+\ \square\,9 \\
\hline
\square\,\square
\end{array}
\qquad
\begin{array}{r}
7\,\square \\
+\ \square\,4 \\
\hline
\square\,3
\end{array}
\qquad
\begin{array}{r}
\square\,1 \\
+\ \square\,\square \\
\hline
\square\,9\,\square
\end{array}
$$

$$
\begin{array}{r}
6\,\square \\
+\ 3\,1 \\
\hline
\square\,\square\,\square
\end{array}
\qquad
\begin{array}{r}
\square\,\square \\
+\ \square\,1 \\
\hline
\square\,\square\,\square
\end{array}
\qquad
\begin{array}{r}
8\,\square \\
+\ \square\,4 \\
\hline
\square\,0\,1
\end{array}
$$

【能力拓展】

　　请把自己想象成是一名聪明绝顶的特工，你发现了两个奇怪的竖式，狡猾的敌人将数字替换成了汉字。请聪明的你来破译出这些数字吧！请注意，同一道竖式中每个不同的汉字分别对应着不同的数字。

$$
\begin{array}{r}
淘\ 气 \\
+\quad 淘\ 气 \\
\hline
气\ 嘟\ 嘟
\end{array}
\qquad\qquad
\begin{array}{r}
学 \\
数\ 学 \\
爱\ 数\ 学 \\
+\ 我\ 爱\ 数\ 学 \\
\hline
8\ 8\ 8\ 8
\end{array}
$$

【家长小提示】

　　1. 很多孩子虽然学会了加法竖式，可是在实际计算中却常常出错，不是数位没对齐就是忘了进位。通过本小节的内容，将对于上述问题有明显的改善。加法竖式填空题是威力加强版的加法竖式练习，能够有效提高孩子的计算能力并强化其逻辑思维。

　　2. 加法竖式填空，可以由家长和孩子自行出题，以家庭游戏的形式进行。对于简单的竖式填空来说，可以用倒推法来出题，比如在一道完整的加法竖式中，每一列去掉一个数字。在还原的过程中，将极大程度地提升孩子的计算能力，并提高思维逻辑。

$$
\begin{array}{r}
2\ 6 \\
+\ 5\ 8 \\
\hline
8\ 4
\end{array}
\qquad\longrightarrow\qquad
\begin{array}{r}
\Box\ 6 \\
+\ 5\ \Box \\
\hline
8\ 4
\end{array}
$$

第二节　模糊的数字——减法篇

通过上一节的内容，相信你一定对于加法竖式有了更深入的理解。要解决竖式谜题，就要有善于 "大胆猜测" 和 "合理推理" 的双重能力。

接下来，让我们迎接减法竖式吧！

【亲子探索】

请在□内填入 0~9 范围内的某个数字，使得竖式成立。

$$
\begin{array}{r}
\Box\ 8 \\
-\ 1\ \Box \\
\hline
4\ 5
\end{array}
\qquad\qquad
\begin{array}{r}
3\ \Box \\
-\ 1\ 8 \\
\hline
\Box\ 6
\end{array}
$$

要解决这样的问题，我们要结合竖式减法的计算顺序：

数位对齐；从个位算起；不够减需要向相邻的高位借位。

有了之前竖式加法谜题的经验，相信你能轻松解出第一小题。

从个位开始，被减数的个位数字 8 大于差的个位数字 5，所以个位肯定是够减的，8-□=5，□=8-5=3，这样就能直接推知减数的个位数字是 3；

十位数字对应的关系是：□-1=4，□=4+1=5，所以被减数的十位数字就是 5。

$$
\begin{array}{r}
\boxed{5}\ 8 \\
-\ 1\ \boxed{3} \\
\hline
4\ 5
\end{array}
$$

结合以上两点，还原成的竖式如左图所示。

再来看第二小题。单看个位：□-8=6，□=6+8=14。我们发现了一个怪事，方块内的数竟然是 14，而非 0~9 中的数字，这就意味着被减数的个位数字本来是不够减的，又向十位借位之后才变成的 14，所以被减数的个位数字应该是 4；

$$\begin{array}{r} 3\ \boxed{4} \\ -\ 1\ 8 \\ \hline \boxed{1}\ 6 \end{array}$$

这样被减数的十位数字 3 上就应该画一个小点点了，3–1–1=1，这样我们就求出了差的十位数字。

结合以上两点，竖式即可进行还原：

最后别忘了再检查一遍，可以运用心算对刚才的两个算式进行检验：58–13=45，34–18=16，完全正确！

有了上面的铺垫，请独立完成下面各题，也可以来一次全家大比拼，看看谁做得又对又快！

$$\begin{array}{r} 6\ \boxed{} \\ -\ \boxed{}\ 1 \\ \hline 2\ 9 \end{array} \qquad \begin{array}{r} \boxed{}\ 4 \\ -\ 7\ \boxed{} \\ \hline 1\ 7 \end{array} \qquad \begin{array}{r} 9\ \boxed{} \\ -\ \boxed{}\ 5 \\ \hline 3\ 4 \end{array}$$

$$\begin{array}{r} 4\ 0\ \boxed{} \\ -\ \boxed{}\ 2\ 8 \\ \hline 1\ \boxed{}\ 9 \end{array} \qquad \begin{array}{r} 7\ \boxed{} \\ -\ \ 9 \\ \hline \boxed{}\ 5 \end{array} \qquad \begin{array}{r} 8\ 0\ 0 \\ -\ \boxed{}\boxed{}\boxed{} \\ \hline 6\ 2\ 5 \end{array}$$

$$\begin{array}{r} \boxed{}\boxed{} \\ -\ 2\ 3 \\ \hline 6\ 9 \end{array} \qquad \begin{array}{r} \boxed{}\ 0\ \boxed{} \\ -\ \ 8\ 3 \\ \hline \boxed{}\ 1 \end{array} \qquad \begin{array}{r} 6\ \boxed{}\ 4 \\ -\ 2\ 3\ \boxed{} \\ \hline \boxed{}\ 1\ 9 \end{array}$$

【知识总结】

接下来我们类比竖式加法谜题的解法，进行有关减法竖式题目的总结。

1．退位和不退位的推理。

在减法竖式填空题中，判断某个数位是否够减、是否会发生退位，是我们思考的关键。很多信息也许在题目中并没有明确告诉我们，但通过仔细观察和逻辑推理，我们依然可以得到结论。

在某个数位上，在已知被减数和差的情况下：

$$
\begin{array}{r}
7\ \boxed{2}\ 8 \\
-\ 6\ \boxed{0}\ 7 \\
\hline
1\ \boxed{2}\ 1
\end{array}
\qquad
\begin{array}{r}
4\ \boxed{5}\ 3 \\
-\ 2\ \boxed{9}\ 7 \\
\hline
1\ \boxed{5}\ 6
\end{array}
$$

如果被减数对应的数字比差大，就说明该数位够减，没有发生退位；如果被减数所对应的数字比差小，就说明该数位不够减，一定发生了退位；如果被减数所对应的数字和差相等，有两种情况，一种是减数在该数位上的数字是0，而另一种是它相邻的低位不够减，向这一位进行了借位，减数在相关数位是9。

在某个数位已知减数和差的情况下：

$$
\begin{array}{r}
5\ \boxed{9}\ 8 \\
-\ 4\ 3\ 6 \\
\hline
1\ \boxed{6}\ 2
\end{array}
\qquad
\begin{array}{r}
7\ \boxed{0}\ 2 \\
-\ 4\ 2\ 7 \\
\hline
2\ \boxed{7}\ 5
\end{array}
$$

如果减数和差在该数位上的数字之和小于9，就说明该数位够减，没有发生退位；如果减数和差在该数位上的数字之和大于9，就说明该数位不够减，需要向与它相邻的高位借位；如果减数和差在该数位上的数字之和等于9，有两种情况：一种是被减数在该数位上所对应的数字是9；另一种是与它相邻的低位不够减，向这一位进行了借位，被减数在相关数位上的数字是0。

2. 位数判断。

在某些题目中，位数也能成为我们还原减法竖式的重要依据。比如右边这道题。

$$
\begin{array}{r}
\square\ \square\ \square\ \square \\
-\qquad\qquad 1 \\
\hline
\square\ \square\ \square
\end{array}
$$

有了之前竖式加法的经验，我们可以先把它用简单的语言翻译过来：某个四位数与1的差是三位数，问这个四位数和三位数各是多少？

$$
\begin{array}{r}
1\ 0\ 0\ 0 \\
-\qquad\quad 1 \\
\hline
9\ 9\ 9
\end{array}
$$

答案很简单，显然它们是最小的四位数与最大的三位数啊！

遇到看似复杂的问题，请不要退缩，要把它视为锻炼思维的数学游戏，通过猜测与推理，不断提升你的逻辑思维能力！

3．知少求多。

除了上述两点以外，还有一些题目，看起来已知条件较少，比如下面右侧这个算式：

之前遇到的每一列都是知二求一的，而在左边这个竖式中，只知道一个确定的数字，其他都要我们进行猜测和分析，该从何下手呢？

这时候就需要充分挖掘各种信息，并把它们有机结合在一起了：百位数字下面都是空的，说明被减数的百数数字是1，而且十位向它进行了借位。这样我们就能知道十位数字对应的关系是：被减数的十位数字+10–减数的十位数字=0，容易推知：被减数的十位数字+10=减数的十位数字，然而□内的数字只能选取 0~9 范围内的数字，根本找不到符合要求的两个数字，这说明什么呢？

这说明刚才的等式稍微有点问题需要修正，个位不够减，所以个位向十位借了一位，关于十位数字真正的等式应该是：被减数的十位数字 +10–1– 减数的十位数字 =0，被减数的十位数字 +9– 减数的十位数字 =0。翻译过来就是减数和被减数的十位数字相差 9，而它们又都在 0~9 的范围内，所以被减数的十位数字只能是 0，减数的十位数字只能是 9。进一步地，因为个位不够减，所以减数的个位数字需要比 8 大，就只能选 9，任务圆满完成。

回过头来看，其实我们的思路还可以更简洁点（见右侧）：某个三位数与两位数的差是一个一位数，显然这个三位数应该介于 100~108 之间（否则它与两位数的差就不是一位数），而这个两位数呢，一定也介于 91~99 之间（否则任何一个三位数与它的差也不是一位数），这样就能确定被减数的百位数字是 1，十位数字是 0，减数的十位数字是 9，也能顺利完成这道竖式谜题。

数感大爆炸：重塑孩子的数学思维

要想解决这样的竖式谜题，就必须要寻找到一个突破口。在这种反复思考和推敲的过程中，不知不觉间，我们的思维也得到了提升。

【家庭挑战】

恭喜你，终于又上了一层台阶，赶快迎接下面的挑战吧！请记住，"眼观六路，耳听八方"，只有找到正确的突破口，才能解决问题的关键。

$$
\begin{array}{r}
2\,\square \\
-\ 1\ 9 \\
\hline
\square\,\square
\end{array}
\qquad
\begin{array}{r}
4\,\square \\
-\square\ 9 \\
\hline
3\,\square
\end{array}
\qquad
\begin{array}{r}
\square\,\square\,\square \\
-\ \square\,\square \\
\hline
1
\end{array}
$$

$$
\begin{array}{r}
2\ 8 \\
-\ 1\,\square \\
\hline
\square
\end{array}
\qquad
\begin{array}{r}
\square\,\square\ 2 \\
-\ 8\,\square \\
\hline
2\ 4
\end{array}
\qquad
\begin{array}{r}
\square\ 2\,\square \\
-\ 2\ 1 \\
\hline
\square\,\square
\end{array}
$$

【能力拓展】

下面的竖式中，不同的汉字或符号分别代表不同的数字，请找到它们所对应的数字，祝你好运！

$$
\begin{array}{r}
闪\ 亮\ 亮 \\
-\ 亮\ 闪\ 闪 \\
\hline
亮\ 闪
\end{array}
\qquad
\begin{array}{r}
\bigcirc\ \triangle\ \triangle \\
-\ \star\ \bigcirc\ \triangle \\
\hline
\bigcirc\ \triangle
\end{array}
$$

【家长小提示】

1. 在减法竖式的计算过程中，数位对齐和借位是常见的易错点。通过解决减法竖式谜题，不仅可以有效改善减法竖式的计算问题，还能帮助孩子建立更规范的竖式书写习惯，并进一步增强观察和逻辑推理能力。

2. 相较于加法，减法竖式谜题对于思维能力的要求更高。可以由家长和孩子自行出题，以家庭游戏的形式参与其中。对于简单的竖式填空练习，可以使用倒推法来出题。例如，在一道完整的加法竖式中，每列都去掉一个数字，让孩子来填补这些空白。通过这样的练习，能让孩子对减法竖式融会贯通。

$$
\begin{array}{r}
8\ 4 \\
-\ 5\ 8 \\
\hline
2\ 6
\end{array}
\qquad\longrightarrow\qquad
\begin{array}{r}
\square\ 4 \\
-\ 5\ \square \\
\hline
2\ 6
\end{array}
$$

第三节　模糊的数字——乘法篇

和加减法竖式相比，乘法竖式的运算规则发生了更为明显的改变，参加运算的不再是同列数字。下面我们以两位数乘一位数的竖式计算进行说明。

当我们用竖式计算 28×7 时，在个位对齐的前提下，首先要计算 8×7，得到 56，把 5 记在竖式横线的上方，把 6 写在乘积的个位，这一步相对来说比较简单。

$$
\begin{array}{r}
2\ 8 \\
\times\quad {}_{5}7 \\
\hline
6
\end{array}
$$

而接下来的步骤是最容易出错的：$2 \times 7 + 5 = 19$，把 1 写在与百位正对着的竖式横线上方，由于第一个乘数的百位是空着的，所以 1 可以直接写在乘积的百位，9 写在乘积的十位。

$$
\begin{array}{r}
2\ 8 \\
\times\quad {}_{1}{}_{5}7 \\
\hline
1\ 9\ 6
\end{array}
$$

值得注意的是，和加减法竖式不同，在乘法竖式中，进行乘法运算的两个数字 2 和 7 并不在同一列，我们只有充分理解乘法竖式的底层逻辑，并且多加练习，才能真正通关。

所以本小节的内容是建立在已经熟练掌握乘法竖式的计算基础之上的。

【亲子探索】

和加减法的竖式谜题相比，乘法竖式谜更加有趣，因为它糅合了更多元素，需要我们从多种思维角度进行观察和推理，才能还原出正确的算式。

数感大爆炸：重塑孩子的数学思维

请完成下面右侧两道小题，在□内填入合适的数字，使得乘法竖式成立。

先来看一下第一道题，有了之前的经验，我们知道应该从已知信息最多的地方入手去分析，显然第一个乘数的个位数字更容易知道，□乘9等于几十四，到底是"几十"四呢？我们应该把注意力放在个位数字4上。通过九九乘法表一节的预热，相信聪明的你一定很快就想到了"六九五十四"，这样就确定了第一个乘数的个位数字是6。接下来的就会简单很多，54中的"5"会向十位进位，我们要把它小小地写在竖式横线的上方，2×9+5=23，所以对应的乘积是234。

再来检验一下，26×9=234。这样我们就完成了一道乘法竖式谜题。

利用末位数字判断法是解决乘法竖式谜题的关键，不过有些时候也会遇到点小麻烦。比如第二道题。首先观察竖式，在个位上，已知第一个乘数的个位数字是6，乘积的个位数字是4，因此我们能先从个位入手进行分析：6乘□等于几十四，捋一遍乘法口诀，有两个数字都满足这一特点："六九五十四""四六二十四"，这里的□究竟是4还是9呢？这需要通过其他条件进行筛选。

如果□内的是4，观察乘积的十位数字，它是由第一个乘数的十位数字□乘第二个乘数的个位数字4加两个乘数个位乘积的十位数字得来的。□×4+个位乘积的十位数字=6，因为两个乘数个位乘积的十位数字是2，第一个乘数的十位数字只能是1。

这样就能得到确切的结论：第一个乘数的个位数字是4，还原的竖式如右侧所示。

接着再来试试另一种情况，如果□内的数字是9，□6×9=64，那么即使□内填1，16×9的结果也都是三位数了，而题目中所给的64是两位数，与已知的竖式形式相矛盾，所以这种情况就被排除了。

好了，对于乘法竖式，相信你已经有了更深的理解。那么，请迎接下面的挑战吧！

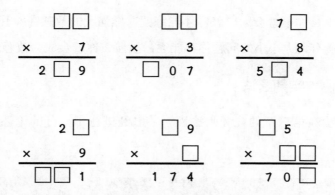

【知识总结】

通过前面的问题，我们已经对乘法竖式的运算顺序和原理一定有了更深的感悟。在处理过程中，以下几点往往是思考的关键：

1. 竖式的形式

一般的乘法竖式都会个位对齐，但是【亲子探索】中最后一道题却是个例外。形式上的特点往往是解题的突破口，什么情况下我们列的乘法竖式会在第二个乘数右面多留一个数位呢？更进一步地，那个没对齐的数位上会是哪个数字呢？

它是 0，你猜对了吗？如果你对于两位数乘整十的竖式很熟悉，自然就能产生相关的联想。此时此刻，你的大脑就像一个电路全部打通，电灯泡自然就亮起来了！

2. 四通八达的数感

还是以【亲子探索】中最后一道题为例，即使我们猜到了第二个乘数是整十，还有一些问题没有解决：□5×□=70。如果我们按照常规推理，只能知道 5×□=0，□内的数字有五种可能：2、4、6、8、0。接下来就需要把这五种情况依次都代入竖式中去还原才能得出正确的结果。不过，如果你的数感足够发达，肯定能够脱口而出：35×2=70。是不是轻松许多？

看到这里，你不禁会问，怎样才能练就这样强大的数感呢？其实很简单，如果本书中所有大大小小的问题你都能逐一搞懂，你就会成为数感达人！

3. 末位数字判断法

这种方法在第三章的九九乘法表一节已经进行了充分的论述，这里不再赘述。

【家庭挑战】

请大朋友和小朋友一起来挑战一下下面的这几道题。虽然在结构上看起来比之前的题目更复杂一些，不过万变不离其宗，只要学会观察、善于思考，相信下面的几道竖式谜题也不在话下。

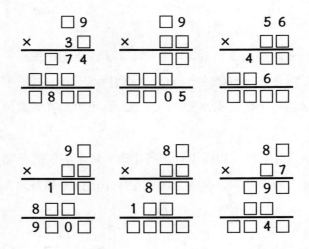

【能力拓展】

恭喜大家来到乘法竖式谜题的最难关卡，思维都是棒棒哒！棒棒 × 棒 = 太棒了，猜猜这几个汉字分别代表什么数字？

$$\begin{array}{r}棒\ \ 棒\\ \times\ \ \ \ \ \ \ \ \ 棒\\ \hline 太\ 棒\ 了\end{array}$$

学到这儿，你已经迈进了数学王国的大门，祝你在里面玩得开心！

$$\begin{array}{r}我\ 爱\ 数\ 学\ 王\ 国\\ \times\ \ \ \ \ \ \ \ \ \ \ \ \ \ \ 国\\ \hline 啦\ 啦\ 啦\ 啦\ 啦\ 啦\end{array}$$

小提示：在解题过程中，要善于抓住问题的关键，比如相同的汉字，奇怪的形式等。

【家长小提示】

1. 乘法竖式难度较大，一定要在孩子彻底掌握乘法竖式的基础上，再做本小节的习题。具体可以通过每天完成3~5道乘法竖式练习来进行强化，以不出错为准。

2. 乘法竖式谜题对孩子的思维能力是很大的挑战，对于数感是重要的积累。到了小学高年级，乘法的熟练度和对于乘法的深层次理解将决定孩子的计算基础。受到篇幅限制，更多的题目可以由家长和孩子自行出题。具体方式可以是从一个完整的乘法竖式中去掉一些数字，通过剩下的信息来解决问题。

第四节　模糊的数字——除法篇

我们过五关斩六将，终于来到了竖式谜题最有意思的板块——除法竖式。

和之前的竖式相比，除法竖式的难度又上了一个台阶，运算形式也发生了明显的变化。不过别担心，这一节的除法竖式谜题，会让你对于除法竖式有超大的收获。让我们一起来试试下面的挑战吧。

【亲子探索】

请在右侧□内填入 0~9 的数字，使得竖式成立。

我们先来看一下第一道题，发现已知的数字模块并不多，只有 7、1、3。对于除法竖式来说，它的运算过程比较复杂，所以我们不但要关注已知的数字是几，更要关注它们所处的位置。

7 在除法竖式标志"厂"的左边，它表示的是除数；1 在竖式横线的正下方，它表示的是余数；3 在竖式横线的正上方，它表示的是商与除数乘积的个位数字。

那么在还原竖式的过程中，应该把什么作为突破口呢？那显然是数字 7 和 3。根据竖式的计算原理，"□3"是 7 和商的乘积，"七九六十三"，这样我们就初步得到了该竖式的商是 9，横线上则是 63。

接下来，被除数怎样确定呢？这里我们需要充分结合除法竖式的结构进行分析。

在除法竖式中存在乘法和减法两种运算。乘法是用于计算商在某个数位上的数字与除数的乘积。

而减法则是把每一个竖式横线都看成减法标志。

有了上面的分析，被除数是不是一下子就水落石出了？它对应的是减法运算的被减数位置，所以可以直接通过 63+1 求出，这样我们就还原了刚才的算式：

用同样的方法来解决第二道题，你会发现并不能直接确定商是多少。□×5=□0，根据我们的常识，所有偶数数字与 5 乘积的末位数字都是 0，所以商对应的□里可以是 0、2、4、6、8。如果我们综合了更多信息后，就能直接得出□内只能是 4。你知道为什么吗？

这是还原后的竖式：

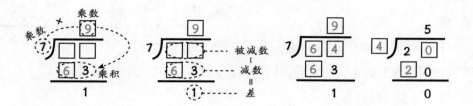

好了，除法竖式谜题我就先点到这里。一大波新奇有趣的谜题来了，准备好迎接挑战了吗？

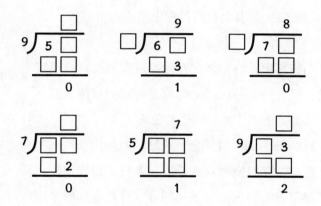

【知识总结】

要解决除法竖式谜题，我们需要从竖式的结构入手，才能进行更加清晰的分析和判断。

1. 除法竖式的结构。

除法竖式是我们解决除法运算的工具，所以想要理清竖式的结构，我们需要与除法算式的结构（被除数 ÷ 除数 = 商……余数）相结合。

我们以 64 ÷ 7=9……1 为例，进行该算式与竖式的对比。

对这种简单的竖式运算来说，可以分成五部分：

"厂"的左边表示除数；"厂"紧邻的横线下方表示被除数；它的上方

表示商；横线上方表示的是除数与商在对应数位上的数字的乘积；横线下方表示的是余数。

$$64 \div 7 = 9 \cdots\cdots 1$$

$$\begin{array}{r} 9 \\ 7\overline{\smash{\big)}\,6\ 4} \\ \underline{6\ 3} \\ 1 \end{array}$$

在具体的计算中，我们还会发现，即使是相同位置的数字，也有着不同的身份。

2. 双重身份。

在上面的竖式中，64既担当着被除数的身份，在求余数的过程中，它同时还兼任着被减数的重要职责；7在运算形式上表示除数，而在除法竖式实际运算过程中又作为乘数而出现；

7与9的乘积63，在求余数的过程中又成为了减数……

3. 结构的延续。

在之前的小练习中，每个竖式在运算过程中都只出现了一条竖式横线，只进行了一次减法计算。而对于多位数与一位数的除法，就需要把刚才的结构进行延续。

$$\begin{array}{r} 7\ 9\ 4 \\ 8\overline{\smash{\big)}\,6\ 3\ 5\ 2} \\ \underline{5\ 6} \\ 7\ 5 \\ \underline{7\ 2} \\ 3\ 2 \\ \underline{3\ 2} \\ 0 \end{array}$$

下面以 $6\,352 \div 8$ 为例，请体会竖式结构的变化。

从结构上观察，我们发现它主要由三条竖式横线支撑。每条竖式横线都把附近的数分成了三部分，只要你理解了刚才的结构，剩下的就是不断利用它们做循环。

【家庭挑战】

在□内填入0~9中的合适数字，使得竖式成立。

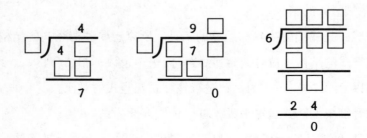

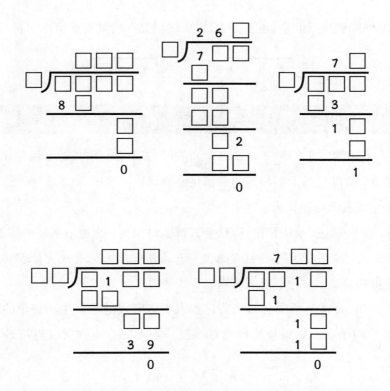

上面八道题，如果实在找不到思路，可以联想一下相似的除法竖式在结构上有什么特点。

除了结构以外，有些题还需要你稍微多动动脑筋。比如第一道题，虽然我们并不能确定竖式横线上面的一行数，但是可以根据被除数与余数的特点，推知它的十位数字一定是3。于是只有两种可能：四八三十二、四九三十六。具体是哪个，还要去排除、去验证。

【能力拓展】

1. A、B、C 分别表示 0~9 中的不同数字，请根据竖式结构找到它们所代表的数字，还原除法竖式。

$$
\begin{array}{r}
\,C\,C \\
CC\,\overline{)\,A\,A\,B\,B} \\
A\,0\,B \\
\hline
A\,0\,B \\
A\,0\,B \\
\hline
0
\end{array}
$$

提示：这道题的突破口是 CC×C=A0B，想想它的结构有什么特点？

2. 要使除到最后的余数是 2，□里应该填几？请试着给出你的答案。

$$8\overline{)63\square}\qquad 5\overline{)16\square}$$

【家长小提示】

1. 【亲子探索】的第 2 题，一个重要条件就是被除数的十位数字 2。因为余数是 0，所以相当于商与 5 的乘积是能够确定下来的 20，这样就能直接得到该除法竖式表示的算式为：20÷5=4。

2. 和加法、减法、乘法相比，除法竖式谜题对于孩子思维清晰度的要求更高。故而本部分习题特别适用于除法竖式基础过关的孩子。只有在充分理解除法竖式运算逻辑的前提下，才可能玩转除法竖式谜题。

3. 可以在日常生活中自行出题，探索更多竖式谜题玩法。简单的题，可以只抠掉一两个空，如果想增加题目难度，则需要有更强大、更巧妙的思维能力。

第五节　巧解数阵图

数阵图，或许你不一定听说过，不过类似的问题你一定遇到过。顾名思义，数阵图就是把一些数字按照某种特定规律排成的图形。要解决数阵图问题，需要充分运用多种思维能力。

【亲子探索】

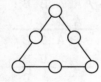

1. 将 1~6 分别填在左侧图中，使每条边上的○内三个数之和都为 10。

要解决这样的问题，你可以使用不同的方法。

方法一，形状观察法。

观察图形，我们要想让三条边上的三个数字之和都为 10，也就意味着需要找到和为 10 的三种数组。如果我们在 1~6 范围内凑出的数组刚好也只有三种情况，就能直接完成任务。

在 1~6 范围内，根据题目要求，能够凑成 10 的几组数字有：1，3，6；1，4，5；2，3，5。除此之外就没有其他可能了。这样，我们就锁定了三角形的每条边上联结在一起的数字。

仔细观察，发现有三个数字是公用的：1、3、5。想想什么位置的数字是重复出现的呢？对了，恰好就是在三角形三个顶点的位置。

所以，总共有六种填数方式，你都猜出来了吗？

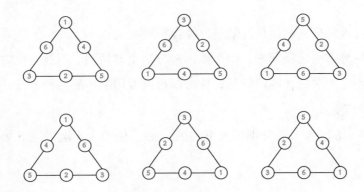

不过，根据三角形的特征，其实我们只需把握住其中一种情况即可，其他情况都可以通过旋转和对称得到。

方法二，重复数字法。

为了更好地从图形出发解决问题，我们可以分别给 ○ 内的数字起个代号，比如 a、b、c、d、e、f。

根据题目要求，我们可以列出以下三个算式：

$a+b+c=10$；$c+d+e=10$；$e+f+a=10$；

为了更完整地呈现数字，我们不妨把它们全都加在一起：

$a+b+c+c+d+e+e+f+a=30$

整理一下就是：$(a+b+c+d+e+f)+a+c+e=30$

那么，为什么要把 $a+b+c+d+e+f$ 单独用括号括起来呢？因为虽然每个字母背后的数字我们现在还无法确定，但是它们一定正好涵盖了 1~6 这六个数字。不管它们具体谁是谁，相加在一起的结果总是可以确定的：$1+2+3+4+5+6=21$。

于是，我们知道：$a+c+e=30-21=9$

而 a、c、e 正是顶点处的三个数字，我们只需找到相加等于 9 的数组就可以了。它们可以是：1，3，5；1，2，6；2，3，4。

全部代入之后，明显只有第一种符合要求。

以上两种方法比较起来，似乎第一种方法更加简便。不过有些时候，简单与复杂并不是绝对的，不信的话，你可以再试着用刚才的两种方法，分别解一下后面这两道题。

2. 将 1~8 这八个数分别填入下图的○中，使两个大圆上的五个数之和都等于 20。

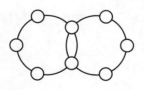

3. 把 1~7 填入下图中，使每条线段上三个○内的数字之和都为 10。

如果你是用方法一来应对题 2，很可能会遇到不小的麻烦。从 1~8 中挑出五个数凑成 20，有太多种可能性！这个时候，方法二反倒成了更好的选择。

这里，我只给出一组正确答案，你还能想出其他的可能性吗？

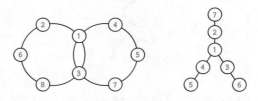

【知识总结】

要解决这类数阵图问题，我们需要先厘清哪些数字是被重复利用的，换句话说，处于公共位置或者特殊位置的数字是我们解题的关键。

总结一下，我们的思维过程可以分为以下五个步骤。

1. 哪些位置比较特殊？哪些位置上的数字是被重复利用的？它们被重复利用了几次？

2. 每一条线段所连接的是哪几个数字？

3. 根据题目要求列出相关的式子，通过充分挖掘题目中隐含条件得到公共位置数字的特点。

4. 根据公共位置的数字特点，得出相关位置的数字组合。

5. 通过进一步的推理，排除与题目矛盾的结论，找到正确答案。

【家庭挑战】

1. 将 1~6 分别填在图中，使每条边上的三个〇内的数的和相等，你有哪些填写方式？

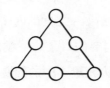

2. 把 1~7 填入下图中，使每条线段上三个 ○ 内的数的和相等，你能想到多少种填写方式？

提示：以第 1 题为例，我们首先要确定每条边上的三个数字之和，1+2+3+4+5+6=21，21÷3=7，因为有些数字被重复使用，所以每条边上的数字之和一定大于 7，且要保证相关数字组合至少有三种。假如每条边的数字之和为 8，则只能找到两种情形：1，2，5 和 1，3，4，这显然不符合要求。

【能力拓展】

把数字 1~19 分别写在下图的圆圈里，使得每条直线上的 3 个圆圈内数字之和为 30。

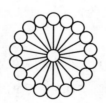

【家长小提示】

1. 数阵图的解决方式多种多样，我们应鼓励孩子发散思维，避免思维定势。对于简单的数阵图问题，可以引导孩子通过试数的方法来求解；但是对于更加复杂的问题，重要的是引导他们理解数字之间的内在联系。

2. 通过观察图形特征找到突破口是这一类问题解题的关键，这也是锻炼数学思维的重要途径。以【能力拓展】中的问题为例，虽然在之前的例题中没有见过，但是孩子们却可以通过细致的分析和整合有效信息，从而进一步得到正确的结论，这不仅能增强他们的数感，还能提升他们的思维能力。

第六节 符号大作战

数字和符号共同支撑起了我们的计算大厦。随着学习的深入，我们会遇到越来越多的运算符号，它们在运算中发挥着巨大的作用。可惜一直以来，我们往往习惯于遵循这些符号的既定规则。你可曾想过，有一天你也能成为它们的主人，自由操纵并设计出新的符号组合呢？

【亲子探索】

请在圆圈内填入相应的"+、−、×、÷"符号，当然也可以在适当的位置加括号，使得下面的等式成立。

1. 3○3○3○3=0　　2. 3○3○3○3=1

3. 3○3○3○3=2　　4. 3○3○3○3=3

5. 3○3○3○3=4　　6. 3○3○3○3=5

7. 3○3○3○3=6　　8. 3○3○3○3=7

9. 3○3○3○3=8　　10. 3○3○3○3=9

11. 3○3○3○3=10

下面是这些题的答案。或许聪明的你会想出其他的填法，只要保证等式成立即可。

1. 3+3−3−3=0　　2. 3×3÷3÷3=1

3. (3×3−3)÷3=2　　4. 3×3−3−3=3

5. (3×3+3)÷3=4　　6. 3+3−3÷3=5

7. 3+3−3+3=6　　8. 3+3+3÷3=7

9. $3 \times 3 - 3 \div 3 = 8$ 10. $3 \times 3 + 3 - 3 = 9$

11. $3 \times 3 + 3 \div 3 = 10$

【知识总结】

如果你仔细观察了刚才的题目，会发现很多算式之间是有内在联系的。

1. 同一个问题有不同的符号填写方式。

即使你刚才所有的小题都填出了相应的运算符号，我也敢说你的答案和我给出的填法肯定略有差别。对了，这就是淘气的运算符号给我们变的小魔术。每一种不同的填写方式背后的运算逻辑和思维逻辑也有所不同。

比如 3 ○ 3 ○ 3 ○ 3 = 0，就有如此多的运算方式：

（1）$3 \times 3 - 3 \times 3 = 0$ （2）$3 + 3 - (3 + 3) = 0$

（3）$3 \div 3 - 3 \div 3 = 0$ （4）$3 - 3 - (3 - 3) = 0$

（5）$3 - 3 + 3 - 3 = 0$ （6）$3 - 3 + (3 - 3) = 0$

（7）$(3 - 3) \times 3 \times 3 = 0$ （8）$(3 - 3) \times 3 \div 3 = 0$

…………

相信聪明的你还能想出更多的方法吧！

接下来，让我们一起回头看看这些算式。如果你仔细把每个算式都算一遍就会发现，有一些算式之间是有相互联系的。比如 1~4 这四个算式，它们的最后一步都是通过作差的方式进行的，因为一个数与它本身相等，所以相减之后所得结果都是 0；再比如 5、6 两个算式，虽然看起来它们差不多，但是 6 中小括号的添加就导致了运算顺序的差异，前者表示 0 加一个数再减去这个数也等于 0，后者表示 0+0 等于 0；而通过 7、8 这两个算式，相信你一定对这道题有了更多的思路，用 3-3 先凑成 0，0 与任何数的乘积都是 0，0 与任何非 0 数的商也为 0。

2. 同样的数字组合反复使用。

你可能还会发现这么一个特点：某些数字组合是被反复使用的。比如最简单的关于 1 的算式，$3 \div 3 = 1$，就能碰撞出许多思维火花。

$3×(3÷3)+3=6$ $3+3+3÷3=7$

$3×3-3÷3=8$ $3×3×(3÷3)=9$

$3×3+3÷3=10$

类似的组合还有许多，比如 $3×3$、$3-3$，这样的搭配我们可以自行在算式中去发现去挖掘，并试着找出更多的填写方式。

【家庭挑战】

请在每一个小题中填入加、减、乘、除四种符号，要求一种符号只能用一次。（只考虑能够算出整数解的情况即可）

1. $15○5○2=7○1○2$ 2. $1○3○5=72○8○1$

3. $4○8○3○6○9=10$

提示：在填写过程中，我们要抓住符号的特点，具体问题具体分析。比如在加、减、乘、除四个符号中，最难处理的其实是除号，所以除号可以成为我们解决问题的突破口。因为不是任意两个数之间都能用除号连接的，很多时候可能会发生不能整除的情况。比如题目（1），我们知道在 5 和 2 之间是不可能使用除号的。如果优先计算 $5÷2$，我们就会发现 5 不能被 2 整除；而如果改变运算顺序，只要 5 和 2 之间用除号连接，15 和 5 之间就只能用乘号连接，$15×5÷2$，它仍然是不能得到整数解的。这样我们就能缩小除号的使用范围，比如 15 与 5，或者 7 与 1。带着这样的思考，我们在做题的时候就更加有理可循了。

【能力拓展】

1. 请试着给下列各式加括号，使得等式成立。

（1）$2+3×4=20$ （2）$26-7×3=57$

（3）$18-12÷4-2=3$ （4）$16-2×7×5=10$

2. 这里有一个明显错误的等式：$123456789=100.$

要使得等式成立，如果在等号左侧插入 6 个加号和 1 个减号，则可以写作：

1+2+3-4+5+6+78+9=100.

在等号左侧只插入若干个加号和减号，你还能想到哪些填法呢？

3．在 123456789 中间只插入加号，怎样才能使其总和为 99 呢？请你写出这个等式。

【家长小提示】

1．符号是算式的灵魂，即使是同样的两个数字，一旦使用不同的符号连接，也会得到不同的结果。通过猜符号的练习，孩子可以加深对于符号的认识，特别是当一个算式中包含多种运算符（如加减乘除）时，还要重点考虑运算顺序。

2．虽然几个数之间不同的符号组合可以得到相同的计算结果，但是我们一定要让孩子认识到，不同的符号选择意味着不同的计算路径。在这个基础之上，如果能引导他们尝试用运算律来理解这些变化就更好了。比如 $3 \times 3 \times 3$ 和 $3 \times (3 \times 3)$，$3+3-3$ 和 $3-(3-3)$ 虽然能得到相同的结果，但是运算顺序却发生了变化。只有确保孩子对运算顺序和符号在深刻的理解，奠定良好的基础，后面的运算律才能掌握得更加扎实。

3．家长可以与孩子一起玩扑克牌凑数游戏。低年级孩子玩儿这个游戏，家长可以把扑克牌中的大王、小王和 10 以上的牌都去掉；高年级孩子玩，家长可以仅把大、小王去掉，J 表示 11，Q 表示 12，K 表示 13。把剩下的牌放在一起充分洗牌，然后把洗好的扑克牌平均发给两人。游戏开始时，每人都拿出 2 张牌，所以桌面上出现了 4 张牌，可以用加减乘除，甚至平方、开方的方式凑出来 24，谁先想出来并且说对了，就可以把这 4 张牌全部收到自己的手中，然后继续，谁的牌先出完就算输了。

游戏难度可根据孩子的实际学习情况进行调整。比如在扑克牌的选择上，对于幼儿园的孩子，可以只使用 10 以内的牌；对于高年级的孩子，可以保留大小王，并把小王当成 20，大王当成 50，同时可以引入花色规则，如黑花色表示正数，红花色表示负数。这可是一个相当好玩又富有挑战性的家庭游戏呦！

第六章 估出来的数感

本章我们将学习一项神奇的技能——估算！

估算能力不仅能够显著减少计算错误，更是将你的数感体现得淋漓尽致的一种方式。话不多说，请紧随我的脚步，一起来到估算的奇妙的世界，感受估算所带来的精准与魅力吧！

第一节 有趣的四舍五入

四舍五入是我们选取近似值的常用方法。即使是对同一个数使用四舍五入法，如果精确到不同的数位，也可能会有不一样的结果。比如 4 178，如果精确到千位，那么结果就是 4 000；如果精确到百位，结果就是 4 200；如果精确到十位，结果则变为 4 180。

不过我们今天探讨的并非仅仅是这种普通的四舍五入问题，要顺利完成任务，你需要具备清晰的思维与判断力。

【亲子探索】

一个五位数，省略万后面的尾数约为 4 万，这个数最大是多少？最小是多少？

遇到问题，我们首先要深入理解题目的要求。"省略万后面的尾数"是什么意思呢？其实这样的表述和"精确到万位"是一样的。这就像是使用了一个数学上的放大镜，只关注数字在万位以及千位上的表现。

既然是近似值，题目中所给的 4 万并不一定就是原来的那个确切的数字，需要我们进一步来探讨这个五位数的可能范围。某个数的近似值不是随意的选取，而是在合理范围内的一种估量。

就像牵着绳子出门遛狗，主人和狗之间用一根绳子作约束。如果把主人的位置比作本来的那个数，而小狗的位置就相当于这个数的近似值，它们之间的距离是在一定范围之内的。

某个数的近似值是 4 万，那么这个数本身会不会比 5 万更大呢？答案是否定的，如果这个数是 5 万多，即使是"四舍"，它的近似值也应该是 5 万。同理，这个数本身也不会比 3 万更少。你一定要知道，如果这个数是 2 万多，即使是"五入"，它的近似值也只能达到 3 万而已。这样我们就把这个数的范围锁定在了 3 万 ~5 万（不包含 5 万），也就是万位是 3 或者 4 的一些数。

我们不妨先用 □ 来表示这个数：

3 □□□□ 或 4 □□□□

接下来我们分两种情况进行考量。

情况 1：

3 □□□□

精确到万位，在四舍五入中，我们需要把目光停留在它的下一位，也就是千位。原数的万位是 3，但近似之后万位就变成了 4，显然是发生了"五入"。我们由此就能判断出来，千位数字只能是 5、6、7、8、9，其中最小的数是千位为 5，百位、十位和个位都是 0 的数，即 35 000。

情况 2：

4□□□□

按照刚才的方法，原数的万位是 4，近似之后万位仍然是 4，显然是发生了"四舍"。由此我们就能判断出来，千位数字只能为 0、1、2、3、4。为了让这个数尽可能大，我们选取千位数字是 4，百位、十位和个位都是 9 的数：44 999。

综上所述，这个数最小是 35 000，最大是 44 999。凡是在 35 000~44 999 这个范围内的数，省略万后面的尾数都是 4 万。那究竟有多少个呢？总共是 44 999–35 000+1，也就是 1 万个！（聪明的你想想为什么在这个算式的最后还要加 1 呢？）

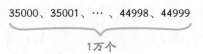

35000、35001、…、44998、44999

1万个

这样我们不仅完成了本道题，还对于求近似值的过程有了更深刻的体会：如果精确到万位，每 1 万个连续的整数都有着相同的近似结果。

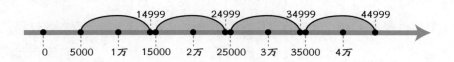

当然上面说的全都是整数，如果你已经学完了跟小数相关的知识，我们还可以把题目改成：一个数省略万后面的尾数约为 4 万，请问这个数最小是多少？最大是多少？你能找到最大的符合要求的数吗？想想这和之前的答案有何差别呢？

【知识总结】

通过刚才的思考过程，我们不仅熟悉了四舍五入法，还锻炼了逆向思维。给一个数，把它精确到万位、千位，十位、个位、十分位、百分位，我们只需按部就班地去分析它的下一位就好了，这压根不是什么难事。

然而，如果已知这个数的近似值，想要反推原来的数，这就考验你的数学能力了。在解决问题的过程中，需要注意以下几点。

1. 精确数位上的数字。

如果一个数精确到万位是 54 万，那么原数可能是 53 万多，又或者 54 万多，但是绝不可能是 55 万，更不可能是 200 万，这是关于数的常识。

2. 精确数位低一位的数字。

精确到万位，具体是"四舍"还是"五入"，我们要看千位数字的取值范围。在万位数字是 3，千位数字是 5、6、7、8、9 的情况下，将发生"五入"；在万位数字是 4，千位数字是 0、1、2、3、4 的情况下，将发生"四舍"。

类似的规律还可以继续总结：精确到百位，我们要同时关注原数的百位数字和十位数字；精确到十位，我们要同时关注原数的十位数字和个位数字；精确到个位，我们要同时关注原数的个位数字和小数点后一位数字。

不过有些时候，问题会稍微复杂一些。比如把一个数精确到某位，该位上的数字是 9，而与之相邻的低位是 5、6、7、8、9，在精确过程中就会发生连进位：

把 995 124 精确到万位，万位数字是 9，而千位数字是 5，发生"五入"后，万位数字就要加 1，变成 10，这样就向十万位发生了进位；而十万位原本是 9，加 1 之后也变成了 10，又向百万位发生了进位。所以这个四舍五入的过程，不仅影响到了万位，还因为连锁反应影响了十万位和百万位，原数精确到万位之后的近似值为 100 万！是不是很有意思呢？

3. 关于四舍五入的一些说法。

在这一章里，你将遇到不同的文字表述方式：保留到万位、精确到万位、四舍五入到万位、省略万位后面的尾数等，它们其实指的都是同样的意思。

【家庭挑战】

1. 一个两位小数，四舍五入到十分位后是 2.8，那么请问这个两位小数最大是多少，最小是多少？

2. 在□内填入 0~9 范围内的数字，使得下面各式成立，请问□内最小能填多少？

（1）9.9□≈10　　　　　　　　　（2）9.9□≈10.0

3. 已知 6□□34≈7 万，

（1）求两个□内数字之和的最小值和最大值；

（2）求两个□内数字的乘积，并写出它们都对应于哪些数。

提示：第 3 题中，为了让两个□之和最小，千位数字也应该尽可能地小；为了让两个□和最大，千位数字也应尽可能地大；若想求两个□乘积的最小值与最大值，就需要你思路更灵活一些了。

【能力拓展】

1. （1）某个整数精确到十位是 100 000，这个数有多少种可能？

（2）某个整数精确到百位是 100 000，这个数有多少种可能？

（3）某个整数精确到千位是 100 000，这个数有多少种可能？

（4）某个整数精确到万位是 100 000，这个数有多少种可能？

（5）某个整数精确到十位、百位、千位、万位都是 100 000，这个数有多少种可能？

补充：如果把"某个整数"改成"某个数"，你的答案会有什么变化？

2. 甲数四舍五入到万位是 80 万，乙数四舍五入到万位是 79 万，它们之间的差最大是多少？最小是多少？

【家长小提示】

1. 在生活中，当我们去描述一些较大的数时，往往比较复杂。通过四舍五入的方法，可以把这些数展现得更清晰明了。比如 5 670 543，这么一长串数字不好记忆，如果把它四舍五入到万位变成 567 万，就方便很多。

2．倒推法有利于提高孩子的逻辑思维，家长可以经常引导孩子通过倒推法得出原数的取值范围。欢迎把本小节中的问题当作出题模板，去进行考察。

3．利用四舍五入思想去认识小数的时候，需要让孩子把整数范围内的"有限"升级为小数范围内的"无限"。假如将一个数精确到万位是 4 万，那么这个数最小是 35 000，最大有可能是 44 999，也可能是 44 999.1、44 999.9、44 999.99……这样的思考过程可以完善孩子对于数的认知，在脑海中形成数轴的概念。

第二节　巧妙的速查法——范围法

还记得本书第一章的这道题吗？

9 999 × 2 222=222 217 778

对于这样的问题，其实并不需要复杂的计算，只要看一眼立马就能发现错误。通过接下来几小节的学习，你会像孙悟空一样，拥有一双能识破错误的"火眼金睛"！

【亲子探索】

不直接计算，判断下列各式正确与否。

1．46 × 58=26 588　　　　　　2．127 × 62=784

3．43 × 29=1 557　　　　　　　4．36 × 327=17 742

5．69 × 54=4 226

聪明的你或许想到可以通过末位数字来做判断。拿算式 1 举例，46 的末位数字是 6，58 的末位数字是 8，我们知道两个整数相乘，乘积的末位数字是由两个乘数末位数字决定的。因为 $8 \times 6 = 48$，所以 46×58 的计算结果的末位数字也应该是 8。26 588 的末位数字也是 8，单从这一点分析，我们貌似没发现什么问题。

$$\begin{array}{r} 4\ 6 \\ \times\quad 5\ 8 \end{array}$$

继续用"末位数字判断法"研究一下剩下的题，貌似也都没有发现错误。

实际上，上面这五道题的结果全都错了！下面引入本节的重要方法——范围法。从乘积范围的角度考量前两个小题，如果你具备一定的数学常识，就能根据两个乘数的特点来预判它们的乘积范围。

算式 1 是两个两位数相乘的情况，那么其乘积在什么情况下最大，什么情况下最小呢？通过简单思量，我们可以知道，当它们同时都取最小的两位数 10 时，乘积最小是 100；当它们两个都同时取最大的两位数 99 时，乘积最大是 99×99。

不过 99×99 算起来有些麻烦。我们其实并不需要知道它具体是多少，只需给出一个大致的范围就可以了。无论如何，它肯定是要比 100×100 小。而 100 与 100 的乘积 10 000 是最小的五位数，99×99 又比它小，于是我们推知：99×99 一定是个四位数。

所以，任意两个两位数的乘积范围一定是锁定在 10×10 到 99×99 之间，于是只能是三位数或者四位数。

那么显然算式 1 的结果是错误的。

同样的方法可以研究一下算式 2。三位数和两位数相乘，最小值应该是 100×10，也就是 1 000。而最大值是 999×99，我们不用把它真的算出来，而是可以通过 $1\ 000 \times 100$ 给出上限。$1\ 000 \times 100$ 是最小的六位数，所以最大值也只能取到五位数。通过上面的分析，我们就能知道任意三位数与两位数的乘积只能是四位数或五位数，显然结果 784 不符合要求，是错误的。

利用这种方法，当我们判断算式 3 到 5 的时候，还会遇到新的困难。因为从位数上看，他们是符合要求的。这就需要我们进一步缩小它的判断范围。

先来看算式 3，43×29，要进一步缩小判定范围，我们只需用这两个乘数附近的整十数或者整百数来靠近。43 介于 40 到 50 之间，29 介于 20 到 30 之间，这样我们就能进一步估算 43 与 29 乘积的取值范围。

40×20=800，50×30=1 500，所以 43 与 29 的乘积应该介于 800 到 1 500 之间。而 1 557 超出了范围，所以发生了错误。

参照同样的方法，请继续判断一下算式 4 和 5。

下面揭晓答案：

算式 4 的取值范围应该介于 9 000 到 16 000 之间，而 17 742 显然不在这一范围内，这样就能迅速判断出这道题出错了；算式 5 的取值范围则是介于 3 000 到 4 200 之间，4 226 不在这一范围内，所以也是错误的。

上述过程在本书中又称为"粗检验"，也就是通过对于两数乘积的范围筛选帮你看出一些明显的计算错误。为了把它更清晰地呈现出来，以对 69×54 =4 226 进行粗检验为例，思考过程可以是这样的：

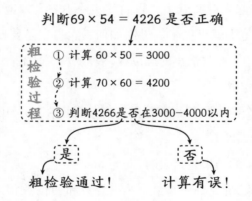

判断 69×54 = 4226 是否正确

粗检验过程
① 计算 60×50 = 3000
② 计算 70×60 = 4200
③ 判断 4266 是否在 3000–4000 以内

是 → 粗检验通过！

否 → 计算有误！

【知识总结】

当我们求解多位数与多位数乘积的时候，可以通过以下两种方法初步判断乘积的范围：

1. 位数法。

通过之前的思考，我们可以得出如下结论：

如果我们把两个乘数的位数分别用 a 和 b 来表示，那它们的乘积只能是

（$a+b-1$）位数或者（$a+b$）位数。

反观算式 2 222×9 999=222 217 778，四位数 × 四位数只能取到七位数或者 222 217 778 是九位数，显然计算出现了错误。

2．打头数字补零法。

简单说来就是看两个乘数打头的数字。例如 43×29，43 打头的数字是 4，29 的打头的数字是 2，所以计算结果就介于 40×20 到 50×30 之间。而 40×20 与 50×30 并不需要复杂的计算，只需计算打头数字的乘积，末位再加两个零即可。

【家庭挑战】

范围判断法也同样适用于加法、减法和较为复杂的除法。下面是几道挑战题，看看你能否顺利解决。

1. 商是一位数，□内可以填几？

$$43\overline{)\square 28} \qquad 35\overline{)\square 06} \qquad 50\overline{)\square 95}$$

$$47\overline{)4\square 6} \qquad 89\overline{)7\square 4} \qquad 40\overline{)\square 80}$$

2. 商是两位数，□内可以填几？

$$7\square\overline{)756} \qquad 36\overline{)3\square 2} \qquad 47\overline{)4\square 8}$$

【能力拓展】

不通过计算，直接选出正确的答案。

1. 18×26=（　　）

A．468　　　　　　　B．188　　　　　　　C.648

2.（　　）=3 128

A．28×96　　　　　B．46×68　　　　　C.62×64

3. 两个整数的乘积，精确到百位是 2 900，这两个数可能是（　　　）。

A．46 和 49　　　　　　　B．68 和 51　　　　　　　C．38 和 76

如果你已经学会了小数乘法，请尝试解决下面的问题：

4．（　　　）=50.7

A．7.8×6.5　　　　　　B．3.7×11.1　　　　　　C．6.3×9

5．（　　　）= 22.□□

A．5.□×2.□　　　　　　B．4.□×6.□　　　　　　C．3.□×5.□

【家长小提示】

1．从本小节开始，接下来的三小节内容都将围绕计算诊断展开。通过这些方法虽然不能得出准确的计算结果，但是对于计算错误的捕捉却非常灵敏。

2．对于多位数乘法的计算结果，可以通过位数法和打头数字补零法来进行初步判断。

3．在掌握本节内容之后，我们可以引导孩子运用这样的方法去检验自己平时的计算结果。通过一定时间的训练和积累，孩子对于运算会形成更加完整的认识，这不仅能有效避免错误，还能促进他们的思维能力发展。

4．本方法对于小数运算也非常有效。在判断小数乘积范围的时候，我们可以以整数作为基础，分析它的大致范围。比如 1.8×2.6 的结果应该介于 1×2 到 2×3 之间。

第三节　巧妙的速查法——神奇的 0

不知你是否发现了这样一个规律：我们去数一些数量比较多的东西时，总喜欢两个两个数或者五个五个数。比如学校组织郊游，老师在数排队的小朋友人数时，一般是两个两个数的；我们在统计班级选票的数量时，则是通过画"正"

字的方式五个五个计数的。你是否想过这是为什么呢？

从 0 开始两个两个数，我们得到这样一串数：

0，2，4，6，8，10，12，14，16，18，20，22，24，26，28，30，…

仔细观察，我们会发现它们的个位数字是按照 0、2、4、6、8 这五个数字的顺序循环出现的。

再从 0 开始五个五个数，我们得到这样一串数：

0，5，10，15，20，25，30，35，40，…

仔细观察，我们会发现它们的个位数字是按照 0、5 这两个数字的顺序循环出现的。

究竟是什么原因，让 2 和 5 这两个数字显得如此方便呢？那就是十进制！因为我们的计数规则是满十进一，而 2 和 5 的乘积正好等于 10。可是我们到底该如何运用呢？请带着问题随我继续探索吧！

【亲子探索】

不具体计算，请判断 $316 \times 75 = 23\,750$ 是否正确。

其实，我们只需看一眼就能发现其中的错误。为了解决这样的问题，需要下面的理论来作铺垫：

$2 \times 5 = 10$

$(2 \times 5) \times (2 \times 5) = 4 \times 25 = 100$

$(2 \times 5) \times (2 \times 5) \times (2 \times 5) = 8 \times 125 = 1\,000$

$(2 \times 5) \times (2 \times 5) \times (2 \times 5) \times (2 \times 5) = 16 \times 625 = 10\,000$

…………

由此就产生了许多关于特殊数对的巧算方法：

$16 \times 25 = 4 \times 4 \times 25 = 4 \times (4 \times 25) = 400$

$16 \times 125 = 2 \times 8 \times 125 = 2 \times (8 \times 125) = 2\,000$

$36 \times 125 = 9 \times 4 \times 25 \times 5 = 9 \times 5 \times (4 \times 25) = 4\,500$

…………

通过上面几个算式，我们发现在乘法运算中：

能分离出 $2×5$，乘积的末尾至少有一个 0；能分离出 $4×25$，乘积的末尾至少有两个连续的 0；能分离出 $8×125$，乘积的末尾至少有三个连续的 0；

…………

我们回看一下刚才的算式 $316×75$，显而易见，316 是 4 的倍数，75 是 25 的倍数，所以它们的乘积末尾肯定至少有两个连续的 0，23 750 并不符合要求。

当真是"显而易见"吗？你或许正在不解地挠着头，疑惑怎样能一眼看出 316 是 4 的倍数，75 是 25 的倍数。接着往下看，你就明白了。

【知识总结】

回到本小节开头提出的问题，为什么从 0 开始两个两个数和五个五个数，个位数字会有那样的循环规律呢？又或者说，为何只看个位数字就能判断一个数是否能被 2 或者 5 整除呢？

我们举个例子，看到 726，你是怎样一眼就知道它是偶数的呢？当你判断它是否是 2 的倍数时，为什么只须看末位数字 6 就够了呢？

这个问题看似简单，其实背后蕴藏着深刻的道理，如果你能真正搞明白，就能解决一大堆的问题。

我们知道一个数如果是 2 的倍数，那么它与其他数的乘积也是 2 的倍数。因为 10 是 2 的倍数，所以 $10×10$、$10×10×10$、$10×10×10×10$，都是 2 的倍数。这样当我们判断某个数是否能被 2 整除时，不管它的百位数字和十位数字是多少，当它们分别与 100 和 10 相乘的时候，所得结果一定也都是 2 的倍数。

如何快速判断出 726 是个偶数呢？ $726=7×100+2×10+6$，因为 100 和 10 都是 2 的倍数，易知 $7×100+2×10$ 肯定能被 2 整除，我们也只须留意个位数字 6 就好了。既然 6 是 2 的倍数，所以 726 也是 2 的倍数。

同理，当我们判断一个数能否被 5 整除时，只须看最后一位数字就可以了。究其根本，是因为 $2×5=10$，而在十进制中凡是比个位高的计数单位都能被 10

整除。

通过这样的思考过程，我们可以得出下面的结论：

能被 4 和 25 整除的数只须看后两位数字组成的两位数，因为 4×25=100，结尾有两个零；能被 8 和 125 整除的数只须看最后三位，因为 8×125=1 000，结尾有三个零；能被 16 和 625 整除的数只须看最后四位，因为 16×625=10 000，结尾有四个零；

为了方便使用，我们可以继续总结，能被 2、4、8、5、25、125 整除的数的特点：

1. 如果一个整数的最后一个数字能被 2 整除，那么这个数就能被 2 整除（能被 2 整除的末位数字有 5 种情形：0、2、4、6、8）；

2. 如果一个整数的后两位数字组成的两位数能被 4 整除，那么这个数就能被 4 整除（能被 4 整除的后两位数字组合有 25 种情形：00、04、08、12、16、20、24、28、32、36、40、44、48、52、56、60、64、68、72、76、80、84、88、92、96）；

3. 如果一个整数的后三位数字组成的三位数能被 8 整除，那么这个数就能被 8 整除（能被 8 整除的后三位数字组合有 125 种情形，这里就不一一列举了）；

4. 如果一个整数的末位数字能被 5 整除，那么这个数就能被 5 整除（能被 5 整除的末位数字有 2 种情形：0、5）；

5. 如果一个整数的后两位数字组成的两位数能被 25 整除，那么这个数就能被 25 整除（能被 25 整除的后两位数字组合有 4 种情形：00、25、50、75）；

6. 如果一个整数的后三位数字组成的三位数能被 125 整除，那么这个数就能被 125 整除（能被 125 整除的后三位数字组合有 8 种情形：000、125、250、375、500、625、750、875）；

回到本节开篇的那道题，因为 16 是 4 的倍数，所以 316 也是 4 的倍数；因为 75 能被 25 整除，所以 316 与 75 的乘积一定是 100 的整数倍，末尾至少出现两个连续的 0。

1. 判断下面各数是否能被 2、4、8 整除。

564，826，924，816，718，928，46 784，87 424.

2. 判断下列各数能否被 5、25、125 整除。

85，75，265，950，1 125，36 725，81 875，64 125，68 150.

3. 巧算下列各式，并归纳结论。

（1）14×5　26×5　5×84　5×624　5×122

（2）36×25　16×25　25×72　25×48　12×25

提示：以 5×84 为例，可以转化成 $5 \times 84 = 5 \times 2 \times 42 = 420$。

（3）68×75　375×16　15×24　45×18　12×35

提示：以 68×75 为例，$68 = 17 \times 4$，$75 = 25 \times 3$，$68 \times 75 = 17 \times 4 \times 25 \times 3 = 17 \times 3 \times (4 \times 25) = 5\ 100$。

4. 快速判断下列各式是否正确，并说出你的理由。

（1）$48 \times 15 = 600$　　　　　　（2）$56 \times 725 = 46\ 000$

（3）$186 \times 25 = 4\ 500$　　　　　（4）$14 \times 150 = 210$

1. 如果算式 $8 \times 15 \times 68 \times 25 \times 35 \times \square$ 的计算结果的末尾有 5 个连续的 0，□ 内的数有什么特点？□ 内的数最小是多少？

提示：把每个数展开，看能凑出几个 2 和几个 5。

2. 检验 $3.75 \times 8.8 = 32.8$ 这个算式是否正确？根据小数乘法运算的特点，我们先把小数乘法运算转化成整数乘法运算：375×88，然后再把计算结果除以 1 000，也就是把小数点左移三位即可。而如果你能灵活运用刚才的结论，就能一眼看出 375 是 125 的倍数，88 是 8 的倍数，就能直接判断出 375 与 88 乘积的末尾有三个 0，再除以 1 000 之后得到的也应该是一个整数，一眼就能发现计算错误。

请你根据上面这个方法研究下列各题：

（1）请判断 4.4×2.5 的计算结果是几位小数？

（2）$16.5 \times 3.12 = ($ 　　$)$

A．51.162　　　　　　　　B．51.48　　　　　　　　C．45.68

【家长小提示】

1．理解并掌握能被 2、4、8、5、25、125 整除的数的规律，对于孩子计算能力的提升非常有帮助。相关的结论不仅适用于计算的检查纠错，也是很多乘法计算的考察重点。

2．在记忆整除规律的同时，我们一定要让孩子搞清楚底层逻辑。因为 $2 \times 5 = 10$，所以判断一个数能否被 2 或 5 整除，只须看十位以下的数位（即个位数字）就可以了；因为 $4 \times 25 = 100$，所以判断一个数能否被 4 或 25 整除，只须看百位以下的部分（十位数字和个位数字组成的两位数）就可以了；因为 $8 \times 125 = 1\,000$，所以判断一个数能否被 8 或 125 整除，只须看千位以下的部分（百位、十位、个位数字组成的三位数）就可以了。

3．【知识总结】部分更细节的结论不需要特殊记忆，家长最好在做题过程中有意识地引导孩子进行理解和总结，这样才能印象深刻。

第四节 巧妙的速查法——整除判断法

有关整除的知识板块是建立乘除法数感的基础。在上一节中，我们已经研究了跟 2、4、8、5、25、125 等数字有关的整除规律。接下来我们将继续探索更多有趣的数字，进一步精通并玩转这些整除规律。

【亲子探索】

请来一次全家大比拼，看看谁能在不计算的前提下，最快判断出下列式子的正确与否。

1. 68×9=622   2. 36×48=1 328   3. 45×25=1 025

揭晓正确答案：上面的三个算式的计算结果全都是错的，你判断对了没有？

为什么要把上面三个算式放在一起讲呢？他们有什么共同特点呢？

第一个算式中的9，第二个算式中的36和第三个算式中的45都是9的倍数。我们知道，在乘法运算中，如果一个乘数是9的倍数，那么乘积也应该能被9整除。

如果你能把这一节的内容认认真真学完，就能"一眼看出"刚才三个算式的计算结果622、1 328和1 025都不是9的倍数。

【知识总结】

被9整除的数都有一个特点：它的各个数位上数字之和也能被9整除。

举个例子，当我们判断622能否被9整除时，只需要把它的百位数字、十位数字和个位数字全加在一起就可以了。6+2+2=10，10不是9的倍数，所以622也不是9的倍数。

如此方便的检验方法，其背后的原理又是什么呢？

首先，我们先根据位值原理把622进行展开：

622=6×100+2×10+2

接着，把它略加变形：

622=6×(99+1)+2×(9+1)+2

因为99和9都是9的倍数，所以我们把上式展开后，622=6×99+6+2×9+2+2中的6×99和2×9也都是9的倍数。所以，要判断622能否被9整除，只需看6+2+2能否被9整除就够了。

再举个例子，比如1 328：

$$1\ 328=1\times1\ 000+3\times100+2\times10+8$$
$$=1\times(999+1)+3\times(99+1)+2\times(9+1)+8$$
$$=1\times999+3\times99+2\times9+1+3+2+8$$

其中的 999、99 和 9 都能被 9 整除，所以当我们判断 1 328 能否被 9 整除的时候，只需要把 1、3、2、8 加在一起，看它们的和是不是 9 的倍数就可以了。因为 1+3+2+8=14，14 不是 9 的倍数，这样我们就能推知 1 328 也不能被 9 整除。

所以我们得到了一个结论：

判断一个数能否被 9 整除，只需要把它各个数位上的数字加在一起，看看它们的和能否被 9 整除就可以了。

这条规律也可推广应用于被 3 整除的数：

判断一个数能否被 3 整除，只需要把它各个数位上的数字加在一起，看看它们的和能否被 3 整除就可以了。

不过有些时候，即使两个数都不是 9 的倍数，它们的乘积也可能被 9 整除。比如 33×12：

由于 33=3×11、12=3×4，所以 33×12=3×11×3×4=9×11×4。

同理：

虽然 26 和 38 都不是 4 的倍数，但是 26 与 38 乘积却一定能被 4 整除；

15×35 的乘积一定能被 25 整除，它们乘积的后两个数字组成的两位数一定是 00、25、50、75 这四种组合之一；

12×15×42 的乘积能同时被 8、9、5 整除；

…………

我们还能得出关于更多数的整除规律，比如 6。因为 6=2×3，所以能被 6 整除的数一定是能被 3 整除的偶数。

这样一来，我们就把 10 以内数字（除了 7 以外）整除的规律研究了一遍：

1. 能被 2 整除的数：如果个位数字是偶数，就能被 2 整除；

2. 能被 3 整除的数：如果一个数各个数位上数字的和能被 3 整除，那么这个数就能被 3 整除；

3. 能被 4 整除的数：如果一个数后两个数位上的数字组成的两位数能被 4 整除，那么这个数就能被 4 整除；

4. 能被 5 整除的数：如果一个数的个位数字是 0 或 5，那么这个数就能被 5 整除；

5. 能被 6 整除的数：如果一个数各个数位上数字之和能被 3 整除，并且这个数是偶数，那么它就能被 6 整除；

6. 能被 8 整除的数：如果一个数后三位数字组成的三位数能被 8 整除，那么这个数就能被 8 整除；

7. 能被 9 整除的数：如果一个数各个数位上数字之和能被 9 整除，那么这个数就能被 9 整除；

8. 能被 11 整除的数：如果一个数奇数位上的数字之和与偶数位上数字之和的差能被 11 整除，那么这个数也能被 11 整除。

这听上去有些抽象，我们来举个例子，面对 56 848，我们从右往左进行标号：

5 6 8 4 8
⑤ ④ ③ ② ①

奇数位指的是标号为①③⑤的数位所对应的数字，因此奇数位上的数是 5、8、8；偶数位指的是标号为②④的数位所对应的数字，因此偶数位上的数字是 6、4。

要想快速判断 56 848 能否被 11 整除，我们需要分别把奇数位和偶数位上的数字进行求和：

奇数位：5+8+8=21；偶数位：6+4=10。奇数位数字之和与偶数位数字之和的差：21-10=11。因为 11 能被 11 整除，所以 56 848 也是 11 的倍数。

9. 能被 7 整除的数的特点：如果把一个数的个位数字截去，从剩下的数中减去个位数字的 2 倍所得的差能被 7 整除，那么这个数也能被 7 整除。

3 2 9
$32 - 9 \times 2 = 14$

比如 329，把个位数字截去之后就剩下了 32，$32-9 \times 2$ =14，14 能被 7 整除，所以 329 也能被 7 整除（见左图）。

不过一些时候，这个差有可能是负数，这时你只需把它反过来相减就好了：

比如 119，个位数字是 9，9×2=18，119 把个位数字去掉之后只剩下 11，而 11 比 18 小，不够减，所以就反过来用 18−11=7，因为 7 能够 7 整除，所以 119 也能被 7 整除。

10. 能被 7、11、13 整除的数的共同特点（该规律适用于判断超过 1 000 的数）：

如果一个数的末三位数字（百位、十位和个位）所组成的数与末三位之前的数字所组成的数的差能被 7、11 或 13 整除，那么这个数就能被 7、11 或 13 整除。

举个例子，要判断 110 123 能否被 13 整除，你只需这样做（见右图）：

1 1 0 1 2 3
123 − 110 = **13**

因为 13 能被 13 整除，所以 110 123 也能被 13 整除。

当然，和被 7 整除的规律类似，有些时候这个差有可能是负数，这时你只需把它反过来相减就好了。

比如要判断 123 110 能否被 13 整除，因为 123 > 110，你也可以这样反向作差：123−110=13，因为 13 能被 13 整除，所以 123 110 也能被 13 整除。

【家庭挑战】

1. 请以 8 352 为例，自行推导出能被 3 整除的数的特点。

提示：8 352=8×1 000+3×100+5×10+2

＝8×（999+□）+3×（99+□）+5×（9+□）+2

剩下的请参照能被 9 整除的数的特点来继续推导。

2. 请以 5 863 为例，自行推导出能被 11 整除数的特点。

提示：5 863=5×1 000+8×100+6×10+3

＝5×（1 001−□）+8×（99+□）+6×（11−□）+3

形如 11、1 001、100 001、10 000 001、…的数，都能被 11 整除。

形如 99、9 999、999 999、99 999 999、…的数，也都能被 11 整除。

剩下的请自行完成。

3. 请以 238 为例，自行推导出能被 7 整除的数的特点。

提示：238=23×10+8

如果 238 能被 7 整除，那么 238×2 也能被 7 整除。

238×2=23×20+8×2

=23×（21−□）+8×2

剩下的请自行完成。

4. 请以 110 123 为例，自行推导出能被 13 整除的数的特点。

提示：110 123=110×1 000+123

=110×（1 001−□）+123

剩下的请自行完成。

请思考，为什么 7、11、13 都有相同的检验方法呢？

【能力拓展】

1. 不计算，直接选出正确答案。

（1）56×27=（   ）

A. 1 402　　　　　　　B. 1 512　　　　　　　C. 1 602

（2）408×26=（   ）

A. 1 0518　　　　　　　B. 1 098　　　　　　　C. 10 608

（3）309×121=（   ）

A. 39 379　　　　　　　B. 37 389　　　　　　　C. 38 109

2. 不计算判断等式的正确性，你能从几个角度来判断计算问题呢？

33×16=518

3. 请在下列各数中，挑出符合要求的数。

124，62，59，87，981，729，511，1 604，151 162，48，96，612，418，

196.

（1）能被 2 整除的数：

（2）能被 3 整除的数：

（3）能被 4 整除的数：

（4）能被 6 整除的数：

（5）能被 7 整除的数：

（6）能被 8 整除的数：

（7）能被 9 整除的数：

（8）能被 11 整除的数：

【家长小提示】

1. 常见数的整除规律是数感的重中之重，在理解的基础上学会合理应用，对于小学高年级的分解质因数、最大公因数、最小公倍数、通分、约分等问题有奇效。

2. 在应用规律的背后，一定要让孩子充分体会到这些整除规律背后的逻辑，最好能自行推导出相关的结论，尤其是能被 2、4、8、3、6、9、5 整除的数的规律。关于 7、11、13 的相关整除规律并不作要求，只需要让孩子大概了解即可。

3. 在平日里，家长可以多鼓励孩子运用本小节的方法去验证答案，这样有助于增强孩子思维的灵活性，并为后续的数学知识学习打下良好的基础。

第七章　画出来的数感

提高数感的方法有许多，本章的学习将为你带来运算认知的革新，我们期望你能告别枯燥无聊的算式，转而凭借敏锐的直觉，将"数"与"形"巧妙地融为一体，实现计算能力的全面提升。这不仅是一种充满乐趣的学习体验，更是一个让你记忆深刻的好方法！

第（一）节　首相同尾合十

"首相同尾合十"是什么意思呢？当看到这个标题时，家长可以和孩子一起讨论，先尝试一块儿猜猜它的含义，然后再接着往下读。

顾名思义，"首"就是"开始"，"尾"则是"末尾"的意思。对于一个两位数来说，"首"指的就是它的十位上的数字，"尾"则表示它的个位上的数字。所以这句话指的就是：两个两位数的十位数字相同，且它们的个位数字之和等于 10。

为了更好地理解，让我们来举几个例子，比如 86 和 84、58 和 52、29 和 21，这些数对就是满足"首相同尾合十"条件的数对。这个小节，我们将一同探索这些符合"首相同尾合十"条件的数对，看看它们的乘积有什么特殊之处。

话不多说，让我们一起开始这场探索之旅吧！

【亲子探索】

1. 请在一张白纸上，用尺子画一个长为86毫米（即8厘米6毫米），宽为84毫米（即8厘米4毫米）的长方形，并做好数值标记（见下图）。

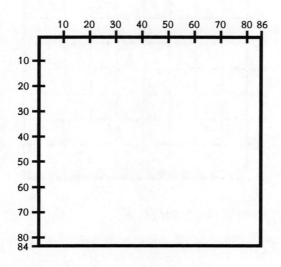

2. 用尺子在整十毫米处画出网格线。

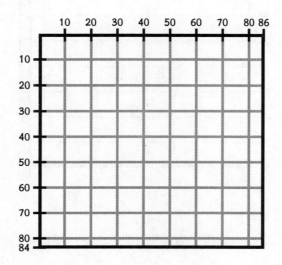

3. 用剪刀将最下方涂色的区域剪下来。

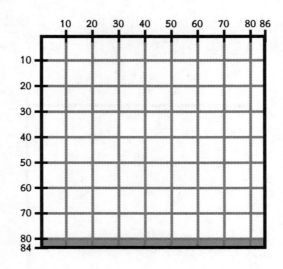

4. 将剪下的长条拼接到图形的最右侧。

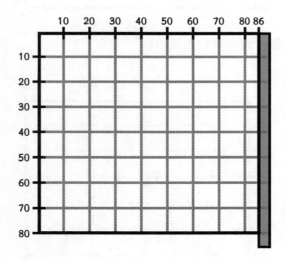

至此，操作完毕！

这些操作到底有什么用呢？通过刚才的拼接，虽然图形的形状发生了改变，

但有一个量却丝毫未变，你发现了吗？对了，那就是图形的面积没有变！

仔细观察，我们会发现通过刚才的操作，图形面积的表达式发生了有趣的变化。

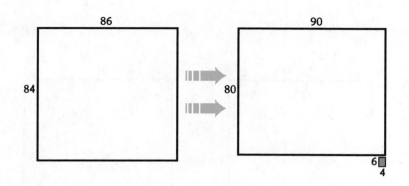

最开始，长方形的面积可以通过 86×84 来求解。而重新拼接后的图形，则是由一个大长方形和一个小长方形组成的。我们可以用 $80 \times 90 + 6 \times 4$ 来表示。

于是一个神奇公式诞生了！

$86 \times 84 = 80 \times 90 + 6 \times 4$。

可这能有什么用呢？也许此时此刻的你，正皱着眉头暗自思忖：这不是更复杂了吗？当然不是！

要知道 80×90，就是 8×9 的后面加上两个 0，得到 7 200；而 6×4 等于 24，是一个两位数，和 7 200 加在一起，24 正好占据了 7 200 中两个 0 的位置，合在一起就是 7 224。这不就是 86 与 84 的乘积嘛！86×84 这么复杂的算式，你却在两秒之内口算出来了，是不是很厉害？

不过你也不要忙着开心，每个规律的背后都有特定的底层逻辑。观察 86×84 的特点"首相同"，让我们拼接之后两条长度都是 80 毫米的边正好重合；"尾合十"则保证了拼接之后的大长方形两条边长都是整十数，80×90 非常方便计算。

那让我们大胆推测，是不是凡是满足"首相同尾合十"这一条件的两个两位数的乘积，都可以用画图的方式来巧算呢？

接下来的任务就交给你了。请参照之前的做法，绘制并拼接下面的两个算式，并展开计算过程。

58×52.

29×21.

我是这样画的。

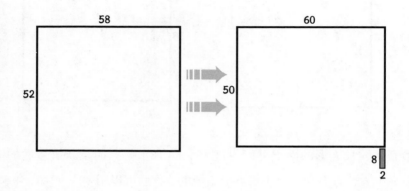

$58×52=50×60+8×2=3\ 016.$

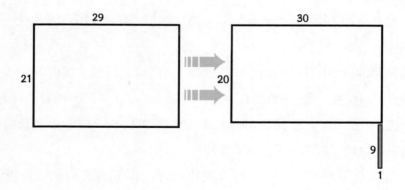

$29×21=20×30+9×1=609.$

怎么样，你做对了吗？

为了计算 $58×52$，我们可以把乘积留出四个位置。前两位（千位和百位）可以直接利用乘法口诀计算 5 和 6（比 5 多 1 的数）的乘积，将 30 写在打头的两个位置；后两位（十位和个位）则直接填入 8 和 2 的乘积 16 即可（见下图左）。

$29×21$ 也是同样的道理，只不过由于 $2×3=6$，所以乘积是一个三位数，相当于千位数字是 0，只把 6 写在百位即可；再来看乘积的后两位，由于 9×1=9，得到的是一位数，需要在十位用 0 占位，这样我们就能直接说出 29 与 21 的乘积为 609（见下图右）。

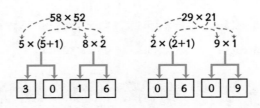

【知识总结】

总结一下，首相同尾合十两数的乘积可以分成以下三个步骤：

步骤 1，十位数字 ×（十位数字＋ 1）；

步骤 2，将两个两位数个位数字相乘；

步骤 3，将前两步结果按照数位拼接在一起。

是不是很神奇？你学会了吗？

【家庭挑战】

有了巧算的方法，接下来就是家庭挑战环节了。请先挑出符合"首相同尾合十"条件的算式，再试着直接说结果，比比谁算得又快又准！

16×14=　　　　　　74×76=　　　　　　48×42=

87×83=　　　　　　27×23=　　　　　　95×95=

【能力拓展】

收获是不是挺大？【家庭挑战】中的最后一道挑战题，95×95，你不觉得它有点特别吗？它不仅满足"首相同尾合十"的条件，而且还是一个平方数，是 95 的平方。类似的平方数还有许多，15×15，25×25，35×35，…，95×95。

一句话来概括，它们都表示几十五的平方。算式中乘数们的十位数字都相同，且个位数字 5+5=10，全都满足"首相同尾合十"的条件，所以凡是个位为 5 的两位数的平方，都能用这个方法来巧算。

接下来的题目请你自行完成。

$15 \times 15=$ $25 \times 25=$ $35 \times 35=$ $45 \times 45=$ $55 \times 55=$

$65 \times 65=$ $75 \times 75=$ $85 \times 85=$ $95 \times 95=$

【家长小提示】

1. 让孩子体会在两个乘数"首相同尾合十"的条件下，体验修剪和拼接前后图形所带来的变化。

2. 每个正方形格子表示的数量是 10×10，也就是 100。因此拼接后的大长方形中正方形格子的数量对应乘积的千位和百位，而小长方形的面积则对应乘积的十位和个位。正是这个原因使得步骤 1 和步骤 2 的计算结果能直接拼接在一起。

3. 十位数字 ×（十位数字 +1）对应的是最终结果的千位和百位，如果得到的是一位数，就表示两数的乘积是三位数，只需把相关结果写在百位即可；两个乘数个位数字的乘积占的是最终结果的十位和个位，如果得到的是一位数，则需要在十位用 0 占位。比如 21×29，计算结果就是 609，而不是 69。

4. 相关的运算规律只有在两个乘数是十位数字相同，且个位数字之和为 10 的两位数的前提下才能使用，切勿乱用口诀，以免造成误解。

第二节　至少有一个乘数接近 100 的乘法运算

如果让你计算 86 与 99 的乘积，你会怎么做呢？聪明的你很可能会运用乘法分配律把 99 转化成 100−1。这样一来，$86 \times 99=86 \times（100−1）=86 \times 100 −86 \times 1=8\,600−86=8\,514$。那我再把这个问题稍微变化一下，变成 86×93，又

该如何快速计算呢?

下面，我们就来用画图的方式来解决这类计算问题——至少有一个乘数接近 100 的乘法运算。

【亲子探索】

1. 用尺子在纸上画一个长 93 毫米（即 9 厘米 3 毫米），宽 86 毫米（即 8 厘米 6 毫米）的长方形，并标记好数值。

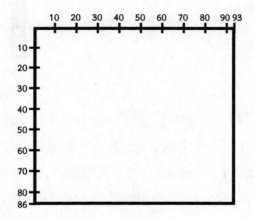

2. 计算出 100 与 93 的差，100−93=7。

3. 用剪刀把最下面涂色的部分剪下来，剪下长方形小条的宽度即是上一步的值。

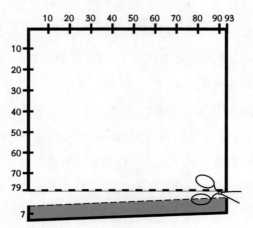

4. 将剪下的长条拼接到图形的最右侧。

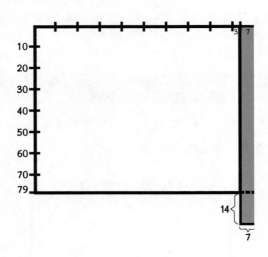

操作完毕。

需要注意的是，通过上述动作，我们虽然改变了原图的形状，但是面积却始终未变！如果是用 86×93 来表示原始长方形的面积，那么新拼接的图形面积仍未改变。仔细观察上面的最后一幅图，它是由一大一小两个长方形组成的。其中，大长方形的面积可以用 79×100 表示，而小长方形的宽是 7，长为 $93-79=14$。

所以我们就成功把 86×93 转化为 $79 \times 100+14 \times 7=7\ 998$。

不过这是我们画图的结果，算式中的 79、14 和 7 各自都表示什么意义呢？对于其他算式又该如何推广呢？我们需要对整个操作过程进行回溯，才能洞悉其中的底层逻辑。

我们先来看 7，它表示的是 100 与 93 的差，实际上是用 100 和该算式中接近 100 的那个乘数作差得来的；

再来看 79，它是利用另一个乘数 86 与 7 作差得来的；

而 14 呢，它是通过这样的算式得到的：$93-[86-(100-93)]$，把括号去掉就是 $93-86+100-93=100-86$，原来正是 100 与 86 的差！

通过进一步分析，我们发现 86×93 的乘积 7 998，与 100-86 以及 100-93

有关。7 998 的前两位数字 79 正是 86-(100-93)，7 998 的后两位数字正是 100
-86 与 100-93 的乘积。为方便描述，我们把 100-86 称作 86 的补数，把 100
-93 称作 93 的补数。

整理一下，刚才的整个过程可以用右边的示意图来形
象地表示。整理一下具体的步骤：

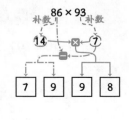

第一步，分别找到两个乘数 86 和 93 的补数；

第二步，用 86 减去 93 的补数，把结果抄写在乘积的
千位和百位；

第三步，把两个补数的乘积计算出来，把结果抄写在乘积的十位和个位。

不过还有一个关键的小问题：为什么可以把第 2 步和第 3 步的结果直接抄写
在一起呢？聪明的你可以和家人讨论一下，再接着往下看。

这是因为 79×100=7 900，14×7=98。98 是一个两位数，它与 7 900 的和
并不会对千位数字和百位数字有任何影响！

【知识总结】

两个两位数相乘，当一个乘数是接近 100 的数，且这两个乘数的补数相乘
小于 100 时，可以按下面的步骤进行巧算。

第一步，分别找到两个乘数关于 100 的补数；

第二步，用其中一个乘数减去另一个乘数的补数，把它们的差抄写在乘积
的千位和百位；

第三步，把两个补数的乘积计算出来，抄写在乘积的十位和个位。

【家庭挑战】

先判断能否利用本节的知识进行巧算，再用合适的方法计算下列各式。

88×97	95×98	96×91	89×94
89×92	78×98	88×96	64×98

提示：一些题目可能有多种巧算方法，请你尽可能都尝试一下，看看它们的结果是否一致。

【能力拓展】

介于 100~109 之间的两个整数的乘法运算，以 102×106 为例，可以这样巧算：

第一步，用一个乘数加另一个乘数的个位数字，102+6=108；

第二步，把两个乘数的个位数字相乘，2×6=12；

第三步，把第二步的结果写在第一步的后面，得到 10 812。

请你根据前面的巧算方法，自行推理和总结，并运用这一规律解决下列计算。

102×106　　101×107　　109×108　　102×102

105×103　　107×103　　102×109　　104×103

【家长小提示】

1. 家长可以引导孩子自行体会修剪和拼接过程中图形的变化，让他们理解图形面积不变是这一过程中的关键点。

2.【亲子探索】中的示意图和上一节中的内容类似。如果孩子对此感兴趣，可以鼓励他们尝试画出整十处的网络线，以加深对于这一类巧算背后的图形的理解。

3. 本小节【知识总结】中提到的巧算步骤只适用于两个乘数补数的乘积小于 100 的乘法运算。假如遇到 56×91 这样的运算，因为 56 的补数是 44，而 91 的补数是 9，44×9=396，超过了 100，这就需要把之前的规律稍加修改。(56–9)×100=4 700，4 700+396=5 096，也能快速得到结果。

第 三 节　神奇的平方数

1	2	3	4	5	6	7	8	9	10	11	12	13	14	15	16	17	18	19
2	4	6	8	10	12	14	16	18	20	22	24	26	28	30	32	34	36	38
3	6	9	12	15	18	21	24	27	30	33	36	39	42	45	48	51	54	57
4	8	12	16	20	24	28	32	36	40	44	48	52	56	60	64	68	72	76
5	10	15	20	25	30	35	40	45	50	55	60	65	70	75	80	85	90	95
6	12	18	24	30	36	42	48	54	60	66	72	78	84	90	96	102	108	114
7	14	21	28	35	42	49	56	63	70	77	84	91	98	105	112	119	126	133
8	16	24	32	40	48	56	64	72	80	88	96	104	112	120	128	136	144	152
9	18	27	36	45	54	63	72	81	90	99	108	117	126	135	144	153	162	171
10	20	30	40	50	60	70	80	90	100	110	120	130	140	150	160	170	180	190
11	22	33	44	55	66	77	88	99	110	121	132	143	154	165	176	187	198	209
12	24	36	48	60	72	84	96	108	120	132	144	156	168	180	192	204	216	228
13	26	39	52	65	78	91	104	117	130	143	156	169	182	195	208	221	234	247
14	28	42	56	70	84	98	112	126	140	154	168	182	196	210	224	238	252	266
15	30	45	60	75	90	105	120	135	150	165	180	195	210	225	240	255	270	285
16	32	48	64	80	96	112	128	144	160	176	192	208	224	240	256	272	288	304
17	34	51	68	85	102	119	136	153	170	187	204	221	238	255	272	289	306	323
18	36	54	72	90	108	126	144	162	180	198	216	234	252	270	288	306	324	342
19	38	57	76	95	114	133	152	171	190	209	228	247	266	285	304	323	342	361

　　仔细观察大九九表中涂色的两条斜线上的数字（即带颜色部分），我们不难发现这么一个特点：对于 4、9、16、25 这一系列平方数来说，它们总是比左下角方格内的数多 1。

　　例如：4=3+1、9=8+1、16=15+1、25=24+1、…

　　如果我们研究每个方块中数的来历，就可以列出这样的算式：

$2 \times 2 = 1 \times 3 + 1$

$3 \times 3 = 2 \times 4 + 1$

$4 \times 4 = 3 \times 5 + 1$

…………

$19 \times 19 = 18 \times 20 + 1$

　　为什么会有这样的规律呢？这个规律如何为我们所用呢？

【亲子探索】

1. 请用尺子在一张白纸上画一个长为 15 厘米，宽为 15 厘米的正方形，并如图做好数值标记（见下图）。

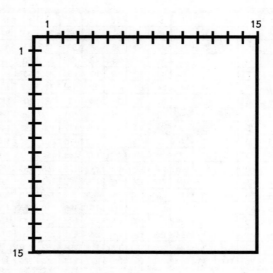

2. 用剪刀把最下面涂色的部分剪下来。

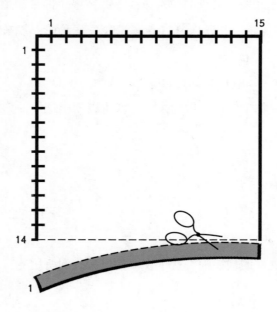

3. 将剪下的长条拼接到图形的最右侧。

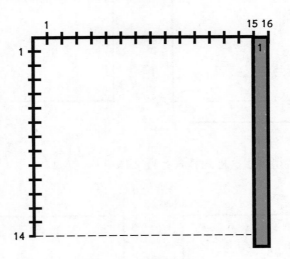

　　其实刚才的一系列操作，正是从图形变换的角度证明了 $15 \times 15 = 14 \times 16 + 1$ 这个事实。你看出来了吗?

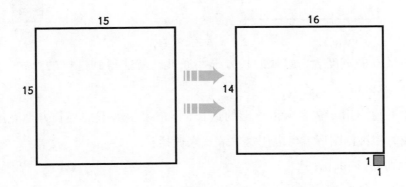

　　由此我们可以推知，任何一个边长不小于 2 的正方形都可以通过这种裁剪和拼接的方式转化为一个长方形和一个小正方形的面积之和。例如，$18 \times 18 = 17 \times 19 + 1$、$26 \times 26 = 25 \times 27 + 1$、……

　　如果我们把刚才修剪的图形尺寸进一步放大，还是拿边长为 15 厘米的正方形举例，现在将它剪去宽度为两厘米的长方形小条儿，并进行拼接，可以得到如下图形:

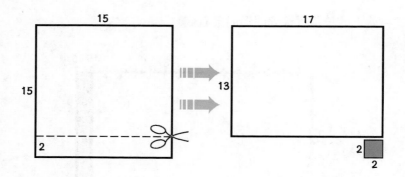

这样我们就得到了这样的算式：$15 \times 15 = 13 \times 17 + 2 \times 2$。

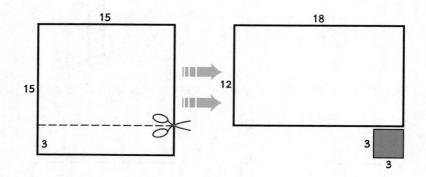

如果减去宽度为3厘米的长方形小条儿，就能得到这样的算式：$15 \times 15 = 12 \times 18 + 3 \times 3$。

如果我们用 n 来表示正方形的边长，a 来表示剪下的小长方形宽度，相应的裁剪和拼接图形就可以用这个等式来概括：

$n^2 = (n-a) \times (n+a) + a^2$。

而将这个式子略加整理，就是平方差公式！

$(n-a) \times (n+a) = n^2 - a^2$.

【知识总结】

前面的推导过程固然精彩，但这个式子如何为我们所用呢？下面简单介绍它的三点应用，只要学会了，你的计算能力必然提高一大截！

1. 计算相差为 2 的两个数的乘积。

两个相邻的奇数（或偶数），它们的乘积就是这两个数中间那个数的平方再减 1。

运用这个规律，你现在就能快速计算一些复杂问题了。比如 16×18，你只需知道 17 的平方是 289，就能很快说出 $16 \times 18 = 17^2 - 1 = 289 - 1 = 288$。

不仅仅是对于表内乘法，与整十数、整百数相邻的两数乘积也同样适用这一方法。例如计算 29×31，我们完全可以这样算：$29 \times 31 = 30^2 - 1 = 900 - 1 = 899$。

2. 任意两个奇偶性相同的数的乘积。

通俗地来讲就是：要计算两个数的乘积，只须求出它们的平均数 n，以及它们和平均数之间的差 a。然后用 $n^2 - a^2$ 就可以了。

比如 13×17，它们的平均数是 15，都和 15 相差 2，所以 $13 \times 17 = 15^2 - 2^2$。

再比如 9×15，它们的平均数是 12，都和 12 相差 3，所以 $9 \times 15 = 12^2 - 3^2$。

利用这个原理，任意同奇或者同偶的两个数乘积，都可以这样来巧算。不过用起来最方便的，还是和整十数或者整百数等距的两个数的乘法。

比如 88×92，它俩的平均数是 90，都和 90 相差 2，就能直接通过 $90^2 - 2^2$ 来计算：$8\,100 - 4 = 8\,096$。这种方法是不是非常简单有效？

【家庭挑战】

1. 根据【知识总结】中的结论 1，巧算以下各式。

14×16　　17×19　　91×89　　31×29

79×81　　9×7　　11×9　　14×12

2. 根据【知识总结】中的结论 2，巧算以下各式。

18×22　　97×103　　27×33　　39×41

16×24　　48×52　　76×74　　18×12

36×14　　67×73　　98×102　　86×84

【能力拓展】

在这个环节，我们将探讨平方差公式的逆运用。通过这个神奇的公式，你将能够轻松口算出所有两位数的平方。

例如 $29^2=28\times30+1$，因为 28×30 非常好算，相当于两位数与一位数的乘积 28×3，末位再加一个 0，这样就能直接得到 29 的平方是 841。

再比如 49^2，它可以用下面的式子进行转化：

$49^2=48\times50+1=2\ 400+1=2\ 401$

同样的道理，当一个两位数个位数字不是 9 时，我们也可以把这个规律进行迁移：

$36^2=32\times40+4\times4=1\ 280+16=1\ 296$

$68^2=66\times70+2\times2=4\ 620+4=4\ 624$

请自行总结这一巧算方式，并用此方法巧算下列练习。

49^2	37^2	82^2	96^2
18^2	55^2	61^2	45^2

（当然，对于其中部分算式，可能有多种巧算方法，你可以多想几种，并通过不同的方法得出的结果相互检验）

【家长小提示】

1. 平方差公式是一个在计算中非常重要的公式，因此，家长一定要让孩子亲自作图，深入理解其原理。除了本节提供的三幅图以外，可以鼓励孩子继续作图，以便直观地感受算式背后的逻辑。例如，83×83 可以等价于 $80\times86+3\times3$。通过作图，孩子将能深刻体会到一大一小两个正方形是平方差公式的核心所在。

2. 两个数的平方差在大九九表中得到了生动的体现。请让孩子仔细观察下图中涂色的方框，并深入体会其中的规律。

1	2	3	4	5	6	7	8	9	10	11	12	13	14	15	16	17	18	19
2	4	6	8	10	12	14	16	18	20	22	24	26	28	30	32	34	36	38
3	6	9	12	15	18	21	24	27	30	33	36	39	42	45	48	51	54	57
4	8	12	16	20	24	28	32	36	40	44	48	52	56	60	64	68	72	76
5	10	15	20	25	30	35	40	45	50	55	60	65	70	75	80	85	90	95
6	12	18	24	30	36	42	48	54	60	66	72	78	84	90	96	102	108	114
7	14	21	28	35	42	49	56	63	70	77	84	91	98	105	112	119	126	133
8	16	24	32	40	48	56	64	72	80	88	96	104	112	120	128	136	144	152
9	18	27	36	45	54	63	72	81	90	99	108	117	126	135	144	153	162	171
10	20	30	40	50	60	70	80	90	100	110	120	130	140	150	160	170	180	190
11	22	33	44	55	66	77	88	99	110	121	132	143	154	165	176	187	198	209
12	24	36	48	60	72	84	96	108	120	132	144	156	168	180	192	204	216	228
13	26	39	52	65	78	91	104	117	130	143	156	169	182	195	208	221	234	247
14	28	42	56	70	84	98	112	126	140	154	168	182	196	210	224	238	252	266
15	30	45	60	75	90	105	120	135	150	165	180	195	210	225	240	255	270	285
16	32	48	64	80	96	112	128	144	160	176	192	208	224	240	256	272	288	304
17	34	51	68	85	102	119	136	153	170	187	204	221	238	255	272	289	306	323
18	36	54	72	90	108	126	144	162	180	198	216	234	252	270	288	306	324	342
19	38	57	76	95	114	133	152	171	190	209	228	247	266	285	304	323	342	361

3. 到目前为止，我们已经学习了多种巧算方法，很多题目都是有不止一种巧算方法。建议在平时的练习中，多鼓励孩子尝试不同的算法，这样不仅可以帮助他们巩固复习已学的各种巧算知识点，还能促使他们更深入地理解数与数之间的联系，从而培养出强大的数感。例如，计算 86×84 时，除了利用"首相同尾合十"以外，还可以通过平方数进行转化：$86 \times 84 = 85^2 - 1 = 7\,225 - 1 = 7\,224$，得出结果 $7\,224$。

第四节　积不变的性质

你或许已经注意到，在九九乘法表以及大九九乘法表中，有一些乘积是重复出现的。比如 24，运用乘法口诀我们可以知道，它既可以由"三八二十四"得出，也可以由"四六二十四"得到。再比如 144，它既能写成 16×9，也可以表示成 12^2。那么，这些有着相同计算结果但形式各异的乘法算式，它们之间究竟隐藏着什么样的内在联系呢？

【亲子探索】

1. 请用尺子在白纸上画出一个高为 12 厘米，宽为 7 厘米的长方形，并如图做好网格线。

2. 用剪刀把相关区域裁剪下来。

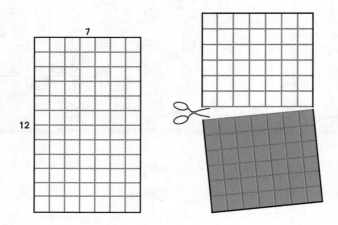

3. 将剪下的部分拼接到图形的最右侧。

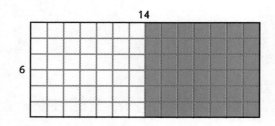

操作完毕。

通过上面的操作，我们能得出一个非常有用的结论：$12 \times 7 = 6 \times 14$。

我们研究的图形从一个 12 行 7 列的长方形变成了一个 6 行 14 列的长方形，虽然它的形状发生了变化，但它的**面积没有改变**。

通过同样的原理，你还能有不同的裁剪和拼接方式：

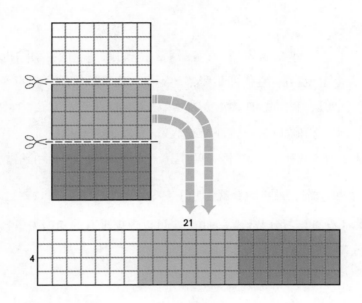

$12 \times 7 = 4 \times 21.$

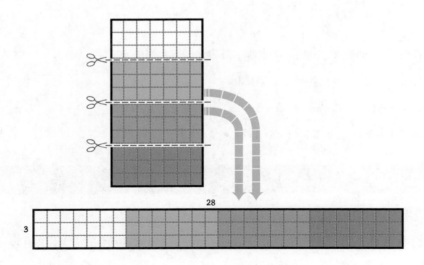

$12 \times 7 = 3 \times 28.$

虽然以上三个等式在形式上看起来不一样，但它们却对应相同的乘积。通过观察以上三个图形的变化规律，我们不难找到它们的共同特征：当一个长方形的某条边被平均分成 n 份，另一条边扩大到原来的 n 倍，前后图形的面积并不会发生改变。

在算式上，这种变化体现为：在乘法算式中，一个乘数除以 n（n 不为 0），而另一个乘数乘 n，它们的乘积依然不变。这可以简称为积不变的性质。

借助这个性质，我们就可以轻松解决本节开篇的问题了。以算式 3×8 为例，让 3 和 8 分别同时乘 2 和除以 2，它们的乘积不变，所以 $3 \times 8 = 6 \times 4$。

可为什么 16×9 和 12×12 相等呢？16 和 9 与 12 并无明显的倍数关系呀！

其实，如果你学过分数运算，就会明白，$9 \times \dfrac{4}{3} = 12$，$16 \div \dfrac{4}{3} = 12$。

如果你还没有学习分数运算，也完全可以根据现有的知识去解释，只需要给它们之间搭起一座桥梁：

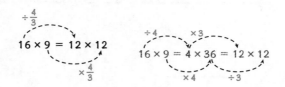

有没有一种豁然开朗的感觉呢？下面的算式等你来完成。

$12 \times 8 = 6 \times (\qquad) = (\qquad) \times 16 = 4 \times (\qquad) = (\qquad) \times 32$

$32 \times 9 = 16 \times (\qquad) = (\qquad) \times 3 = (\qquad) \times 36 = (\qquad) \times 72$

$16 \times 9 = 8 \times (\qquad) = 24 \times (\qquad) = (\qquad) \times 12$

【知识总结】

让我们再次回顾积不变的性质。

积不变的性质：在乘法算式中，一个乘数除以 n（n 不为 0），同时，另一个乘数乘 n，它们的乘积依然不变。

根据这条性质，很多乘法计算就能大大简化！

1. 偶数乘 5。

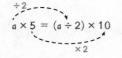

如果 a 表示一个偶数，那么它与 5 的乘积就可以这样转化：

偶数与 5 的乘积，相当于这个偶数的一半再乘 10，因为偶数的一半是整数，所以我们可以简单记为：偶数乘 5，等于这个偶数的一半，末位加一个 0。

这条规律可以这样运用：

要计算 18×5，因为 18÷2=9，所以 18×5=90；要计算 26×5，因为 26÷2=13，所以 26×5=130；要计算 468×5，因为 468÷2=234，所以 468×5=2 340。

2．4 的倍数 ×25。

如果 a 表示 4 的倍数，那么它与 25 的乘积就可以这样转化：

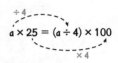

$$a \times 25 = (a \div 4) \times 100$$

4 的倍数与 25 的乘积，相当于先把这个数除以 4 再乘 100，我们可以简单记为：4 的倍数 ×25，等于这个数 ÷4，末尾加两个 0。

这条规律可以这样运用：

要计算 28×25，因为 28÷4=7，所以 28×25=700；要计算 36×25，因为 36÷4=9，所以 36×25=900；要计算 488×25，因为 488÷4=122，所以 488×25=12 200。

3．8 的倍数 ×125。

类比前两条规律，当我们遇到 8 的倍数与 125 相乘时，可以把这个数 ÷8，末尾再加三个 0。

比如 16×125，因为 16÷8=2，所以 16×125=2 000；

48×125，因为 48÷8=6，所以 48×125=6 000。

【家庭挑战】

请利用本小节知识巧算下列算式。

36×5	25×12	72×5	86×5
25×48	125×88	25×64	5×1 208

【能力拓展】

利用积不变的性质，还能有更多的巧算方法。

1. 两位数 × 12、14、16、18 的巧算。

62 × 12   24 × 14   26 × 18   48 × 16

14 × 26   18 × 23   16 × 17   14 × 41

2. 偶数 × 几十五的巧算。

28 × 15   16 × 35   12 × 35   12 × 55

15 × 22   35 × 14   45 × 4   15 × 16

请你结合积不变的性质，心算以上各式，并自行总结规律。

提示：可以通过积不变的性质把两位数 × 两位数转化为两位数 × 一位数。

比如 35 × 14=70 × 7=490.

【家长小提示】

1. 积不变的性质是一条非常重要的运算知识，可以解决很多运算问题，并能进一步提升数感。注意，公式的运用一定要建立在充分理解其底层逻辑的基础上，家长可以鼓励孩子在日常生活中自行探索更多图形的变化规律，从而深化对于积不变性质的理解。

2. 本节所介绍的巧算方法，其实也能解释乘法结合律的原理。例如，计算 25 × 36 时，可以把 36 拆成 4 × 9，25 × 36=25 × (4 × 9)=25 × 4 × 9=100 × 9=900。建议家长多鼓励孩子从不同的角度来思考同一个问题，这样他们的数感将更加强大，形成四通八达的数学知识网络。

3. 大九九乘法表是帮助孩子培养数感的重要工具，家长可以引导孩子多观察表中重复出现的数字，并思考这些数字在不同算式中的关联和规律，从而增强孩子的数学敏感度和逻辑思维能力。

第（五）节 正方形的启示

你知道吗？正方形是一个神奇的形状，它能够帮助我们解决很多看似复杂的问题。你是否好奇，在这个由方块构成的形状里，隐藏着哪些有意思的规律呢？那么，就让我们一起踏上这段探索正方形世界的奇妙之旅吧！

【亲子探索】

"数学王子"高斯运用他非凡的聪明才智，成功解决了 1+2+3+…+100 这一经典问题。如果你出生于几百年前，是否也能运用独特的思维，发现另一种巧妙的解法呢？说不定你也能在数学领域书写属于你的传奇！

请拿出笔和纸，跟随赛赛老师一起来画图。

1. 在纸上画一个边长为 1 厘米的正方形小格。

2. 再在它的正下方画出两个同样尺寸的正方形小格。

3. 重复上面的操作，直到画完 6 行小方格。

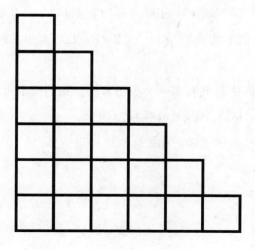

为了计算图中小方格的数量，我们得到了这个算式：

1+2+3+4+5+6=？

想要求总和，我们必须将它们逐一相加算出来吗？这样的方式既麻烦又不具有普遍性，为了更有效地推广和应用，我们需要寻求更加巧妙和创新的思路，以开辟出更加精彩的计算方法。

让我们继续。

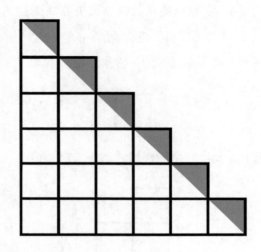

这样是不是就清楚多了？一条斜线把这些阶梯状的小正方形分成了两部分：一个大等腰直角三角形和 6 个小等腰直角三角形。

其中，大等腰直角三角形的面积是与它对应的正方形的一半，也就是 $6 \times 6 \div 2$；6 个小三角形的面积是 $1 \times 1 \div 2 \times 6$，也就是 $6 \div 2$，合在一起就是：$6^2 \div 2 + 6 \div 2$。

因此，要计算图中总共有多少个小正方形，我们完全可以选用这个高级的算法：$1+2+3+4+5+6=6^2 \div 2+6 \div 2=18+3=21$。

有了这个算式，我们就能把相关运算规律进行推广：

$1+2=2^2 \div 2+2 \div 2$

$1+2+3=3^2 \div 2+3 \div 2$

$1+2+3+4=4^2 \div 2+4 \div 2$

………

$$1+2+3+\cdots+n=n^2 \div 2+n \div 2$$

如果你学过分数运算，这样表达就看起来更整齐了：

$$1+2+3+\cdots+n= \frac{n^2}{2}+\frac{n}{2}$$

再回顾高斯解决的那含有一大串数字的加法算式，我们直接套用上面的公式就可以了：

$$1+2+3+\cdots+100= \frac{100^2}{2}+\frac{100}{2} =5\,000+50=5\,050$$

虽然和高斯的方法不一样，但结果一致！

【知识总结】

由此可以得到从 1 开始连续 n 个自然数的求和公式：

$$1+2+3+\cdots+n= \frac{n^2}{2}+\frac{n}{2}$$

这都是正方形的功劳！

虽然刚才的推理过程很精彩，不过这个公式只适用于求从 1 开始连续若干个整数的和，对于其他算式，还需要继续变形。

例如 51+52+…+80 这个算式，可以分成三步求解：

第一步：$1+2+3+\cdots+80=80^2 \div 2+80 \div 2=3\,240$；

第二步：$1+2+3+\cdots+50=50^2 \div 2+50 \div 2=1\,275$；

第三步：$51+52+\cdots+80=(1+2+3+\cdots+80)-(1+2+3+\cdots+50)=3\,240-1\,275=1\,965$。

再例如 2+4+6+…+100，可以这样进行转化：

$2+4+6+\cdots+100=2 \times (1+2+3+\cdots+50)$，再利用公式计算就可以解决了。

【家庭挑战】

1. 运用【知识总结】中的公式，解决下面各题。当然，如果你还有其他方法，也可以拿来进行验证。

（1）15+16+17+18+19　　　　　（2）10+20+30+…+990

（3）4+8+12+16+20+…+100　　　（4）1+3+5+…+99

2. 有时候，正方形还会以点阵的形式出现。请你仔细观察下面的图形，补全公式。

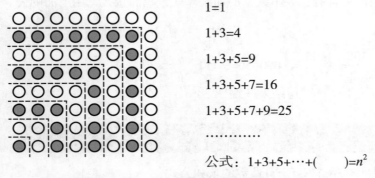

$1=1$

$1+3=4$

$1+3+5=9$

$1+3+5+7=16$

$1+3+5+7+9=25$

…………

公式：$1+3+5+\cdots+(\quad)=n^2$

请根据刚刚得出的公式，求解下列问题。

（1）1+3+5+7+9

（2）1+3+5+…+99

3. 关于正方形的妙用，还有许多，比如"金字塔数列"。即使是同样的图形，也能有不同的计数方式。

请你仔细观察下图，补全公式。

$1+2+1=2^2.$

公式：$1+2+\cdots+(\quad)+n+(\quad)+\cdots+2+1=n^2$

请根据刚刚得出的公式，求解下列问题。

（1）$1+2+3+4+5+4+3+2+1$.

（2）$1+2+3+\cdots+99+100+99+\cdots+2+1$.

【能力拓展】

请你仔细观察下图，补全公式。

示例：$1+3+1=1^2+2^2$.

公式：$1+3+\cdots+(\quad)+(2n+1)+(\quad)+\cdots+3+1=n^2+(n+1)^2$

请根据刚刚得出的公式，求解下列问题。

（1）$1+3+5+7+9+7+5+3+1$.

（2）1+3+5+…+97+99+97+…+5+3+1.

【家长小提示】

1．在【亲子探索】中提及的一串数是一种特殊的等差数列，得出的公式只适用于求从 1 开始一系列连续自然数的和，并不适用于所有的等差数列的求和。比如，当我们要计算 2+4+6+…+100 这样的算式时，就不能直接套用这个公式了，而是需要将其变形为 $2 \times (1+2+3+…+50)$，然后再利用公式进行计算。

2．本节内容意在让孩子感知图形与算式之间的紧密联系。通过观察和探索图形的规律，孩子能够亲自总结出相关的数学公式。这一过程不仅有助于提升孩子的数学思维能力，还能使数学思考变得更加简洁和直观。

3．在孩子的学习过程中，家长不应仅仅让孩子直接记忆公式，而应更加重视探究过程本身。通过引导孩子亲自参与探究，我们能全面培养孩子数形结合的思维能力，从而为他们打下坚实的数学学习基础。

第八章　变出来的数感

你知道吗？很多有趣的数字规律都是在"变"中被发现的。本章有很多精彩的数学小魔术，每个魔术背后都蕴藏着它独特的原理，仿佛开启了一个全新的数学世界。当你掌握这些新技能时，你也能化身为数学魔术师，给你的亲朋好友带来惊喜和乐趣，展示你的数学魅力。

第（一）节　神奇的数字预测大师

这一节的内容需要你和家人共同来完成。请拿出笔和纸，开始我们的奇妙探索之旅吧！

【亲子探索】

请你让家人在心里构想一个数字，可以是他们的幸运数字，也可以是随机选取的，接下来由你发号施令，请他们遵照如下步骤计算：

第一步，把这个数与 55 相加；

第二步，把第一步的计算结果乘 2；

第三步，把第二步的计算结果减去 100；

第四步，把第三步的计算结果除以 2；

第五步，把第四步的计算结果减去原数。

大功告成！现在你可以故作神秘，托着下巴做出深度思考的样子。片刻后，你坚定不移地宣布"5"这个答案，他们会惊讶地张大嘴巴。

虽然你并不知道初始的那个数是多少，每一步得到的具体结果是多少，但是却可以直接说出他们得到的最终结果，这是不是很神奇？

要知道，每个数字魔术的背后都隐含着深刻的数学规律。如果我们能运用自己的聪明才智把它分析出来，这些规律就能更好地为我们所用。

如果把刚才那些复杂的文字描述转换成算式，就会清晰很多。为了方便说明，我用□来表示那个初始数据，刚才的运算可以表示为：

$[(□+55)×2-100]÷2-□$

接下来，我们按照计算顺序进行化简：

$原式 =(2×□+110-100)÷2-□$

$=(2×□+10)÷2-□$

$=2×□÷2+10÷2-□$

$=□+5-□$

$=5$

这样就完美解释了这一魔术的底层逻辑，无论初始那个数字是几，最终结果都是5！

接下来，魔术升级了！

如果你还想让自己显得更加厉害，希望能猜出家人所想的那个初始数字，只需在上面的基础上略加修改，把最后一步去掉，这样整个魔术就变成下面的样子：

第一步，把这个数与55相加；

第二步，把第一步的计算结果乘2；

第三步，把第二步的计算结果减去100；

第四步，把第三步的计算结果除以2。

这时候，你就可以让他们把最终的计算结果公布了。

如果结果是11，你就可以说初始数据是6；

如果结果是 82，你就可以说初始数据是 77；

如果结果是 16，你就可以说初始数据是 11；

…………

发现没有，要猜出初始数字，你只需在他们给出的计算结果上减去 5。至于原理，请接着往下看。

如果用□来表示初始数字，它将参与到下面的一系列运算中：

$(2 \times □ +110-100) \div 2$

$=(2 \times □ +10) \div 2$

$=□ +5$

最终结果等于初始数字再加上 5。因此，要求出初始数字，只需在最终结果的基础上减去 5 就可以了。

数字魔术固然精彩，但它的魅力源于精心的设计。正如有句老话所说，授人以鱼，不如授之以渔。一旦你掌握了真正的技巧，就能亲自设计出花样繁多的数字魔术啦！

【知识总结】

要想设计一个精彩的数字魔术，你需要做以下几步：

第一步，选择一个初始数字，用□来表示它；

第二步，把□安放在一个四则运算表达式中，并对其进行化简；

第三步，对第二步中化简后的表达式做进一步的调整和完善。

举个例子，假如你设计了一个四则运算表达式：

$(□ \times 3+100) \div 4-25$

它对应的化简后的表达式是：

$□ \times 3 \div 4+25-25$，也就是 $□ \times 3 \div 4$。

于是根据这个算式的特点，你可以这样设计你们的魔术：

对方在心中默想一个数，并进行如下运算：

第一步，把这个数乘 3；

第二步，将第一步的计算结果加 100；

第三步，将第二步的计算结果除以 4；

第四步，将第三步的计算结果减去 25。

这样，你就能快速通过前面四步所计算出的结果去推知他最初所想的那个数了。

假如对方算出的最终结果是 15，你需要根据算式 □×3÷4=15 进行还原，求出 □ 内的初始数据，即进行下面的操作：□=15×4÷3=20，这样我们就能知道对方设定的初始数字是 20。

如果你尚未学过小数运算，就需要保证小魔术的化简结果 □×3÷4 是整数。这要求我们需要再加入一个前提条件，保证 □ 是 4 的倍数，所以我们只需在出题的时候告诉参与者，让他们在心中默想一个 4 的倍数即可。

【家庭挑战】

1. 请你自行设计一个数字魔术，向你的家人展示它。在表演结束后，你可以加入一个魔术大揭秘的环节，给你的家人讲明白这个魔术的原理。

2. 再让对方也设计一个数字魔术，比一比谁的魔术构思得更精彩、设计得更巧妙。但请注意，在整个过程中，你们都需要确保每个计算步骤都准确无误，以确保魔术的顺利进行和最终的惊喜结果。

【能力拓展】

接着我们再来一个数字魔术，请根据如下指令获得为你量身定制的数字组合，并思考它们的底层逻辑。

第一步，你一周想出门玩几天？把这个数字记下来；

第二步，将第一步的数字乘 2；

第三步，将第二步的计算结果加 18；

第四步，将第三步的计算结果乘 50；

第五步，如果你今年生日已经过了，就在上一步的基础上加 1 124；

如果还没过，就加 1 123；该数据适用于 2024 年，如果是 2024 年以后的年份，需要将数据进行调整。比如 2026 年的生日已经过了，就需要在上一步基础上加 1 126；如果是 2026 年还没过生日，就需要加 1 125。

第六步，将第五步结果减去你的出生年份。

你得到的结果将是一个三位数，其中百位数字表示你一周想出门玩的天数，后两位表示你的年龄。

请思考这是为什么？并向你的家人表演该魔术。

【家长小提示】

1. 这一节中展示的数学魔术的本质其实是代数式的化简。如果孩子已经掌握了代数的基础知识，可以让他们尝试用字母来代替□，这样在魔术的设计过程中，不仅可以锻炼孩子代数式化简的能力，还能进一步巩固他们的代数基础。

2. 如果想要设计出更加精彩的数学魔术，可能需要家长的鼓励和引导。在魔术的设计过程中，需要不断地尝试、调试和修正，这个过程能够有效增强孩子的思维灵活性和韧性。

3. 当魔术设计完成之后，可以鼓励孩子多次代入不同的数据进行全过程的运算，这能够有效提高孩子的运算准确率。因为已经有了最终的结果，所以孩子在运算过程中能够及时发现并纠正错误，从而提高孩子的四则运算能力和自我反思能力。

第二节　肉眼开方大师

简单地说，开方是一种运算方式。比如已知一个数的平方是 9，因为 $3^2=9$，就可以推知这个数是 3，从 9 推知 3 的过程，就是开平方的运算；再比如已知一个数的立方是 8，我们发现 2 的立方正好等于 8，那么就可以推知这个数就是 2，从 8 推知 2 的过程，就是开立方的运算。

我们先来研究开平方运算。如果告诉你 6 241 是一个完全平方数（即能表示成一个整数的平方的数，如 9、25、36 等），在不使用计算器的情况下，你能否直接把它开平方呢？通过这一节的学习，相信你一定可以拥有这样的能力。是不是觉得很厉害？让我们一起努力，共同进步吧！

【亲子探索】

在下列各数中，挑出完全平方数，并进行开平方运算。

26，19，81，121，14，169，18，25，4，84，79，102，361，265，289，49，58，64，91，161，324.

要回答这样的问题，其实很简单，你只须记住以下这些 20 以内整数的平方：1、4、9、16、25、36、49、64、81、100、121、144、169、196、225、256、289、324、361、400。

在 1~400 范围内，总共就这 20 个完全平方数，虽然有些不是课内要求，但记住这 20 个数对你今后的运算将会非常有帮助。

显然上面的完全平方数有：81、121、169、25、4、361、289、49、64、324，它们开平方之后所对应的结果分别是：9、11、13、5、2、19、17、7、8、18。

不过，如果你的数感足够好，相信对于更大完全平方数的开方运算也不在话下。比如在已知 1 225、4 225、7 225 这些数都是完全平方数的前提下，根据末位数字是 5 这一特点，我们能够推知它们一定能被 5 整除，因此这些数开平方之后的结果的个位数字一定是 5；又因为 100 的平方是 10 000，所以这些数都能表示成几十五的平方。

根据第七章第一节 "首相同尾合十" 的计算特点，几十五的平方的计算结果可以看成四位数，其中千位和百位组成的两位数是十位数字 ×（十位数字 +1）；而十位和个位组成的两位数则是 5^2，也就是 25。

要对 1 225、4 225、7 225 这些完全平方数进行开平方的运算，我们只需要找到两个相邻的整数，让它们的乘积分别等于 12、42 和 72。因为 $3 \times 4=12$，所以 1 225 是 35 的平方；因为 $6 \times 7=42$，所以 4 225 是 65 的平方；因为 $8 \times 9=72$，所以 7 225 是 85 的平方。

尽管上面提到的都是一些比较特殊的情况，但对于万以内的其他完全平方数，我们的大脑同样能够巧妙地处理，从而轻松地进行开方的运算。这个过程，正是你的数感爆发的过程。

举个例子，比如已知 1 444 是个完全平方数，我们该如何徒手开平方呢？由于 1 444 是万以内的数，所以我们只需要考虑开方之后的十位数字和个位数字就可以了。

第一步，判断它的十位数字。

因为 $30^2=900$，$40^2=1\ 600$，而 1 444 在 900 到 1 600 之间，这样我们就能推断出 1 444 开平方之后对应的十位数字是 3。

第二步，找出它的个位数字。

根据乘法竖式的运算过程，我们知道两个多位数相乘，它们乘积的个位数字是由这两个乘数个位数字的乘积直接确定的。比如 79×63，虽然我们无法直接计算出最终的计算结果，却可以断定 79 与 63 乘积的个位数字是 "$9 \times 3=27$" 中的数字 7。

同样的道理，为了给 1 444 开平方，我们需要找到某个数字，让它与自己的乘积的个位数字是 4。运用乘法口诀，"二二得四" "八八六十四"，我们又把个位数字锁定在 2 或 8。

这样 1 444 开平方之后的结果只有 32 或者 38 两种可能了，但是究竟是哪个数呢？你还需要进一步地缩小范围。通过"首相同尾合十"的计算小技巧，我们知道 35 的平方等于 1 225，1 444 比 1 225 大，所以开方结果只能比 35 大。这样我们就最终确定了 1 444 是 38 的平方，不信的话可以拿出计算器试试！

【知识总结】

在已知某个万以内的数是完全平方数的前提下，进行开平方的运算，我们需要通过以下几个步骤进行判断。

1. 范围法。

首先判断这个完全平方数夹在哪两个邻近整十数的平方之间，进而确定开方之后的十位数字。

2. 个位数字平方规律法。

一个完全平方数的个位数字只可能是以下几种：0、1、4、5、6、9，可根据以下平方规律筛选出开方之后末尾数字的所有可能取值。

奇妙的是，这些数是关于 5 对称的！换句话说，相加为 10 的两个数字，它们平方数的个位数字也相同：1^2 和 9^2 的个位数字都是 1；2^2 和 8^2 的个位数字都是 4；3^2 和 7^2 的个位数字都是 9；4^2 和 6^2 的个位数字都是 6；如果一个数的个位数字是 5，那么它的平方的末两位数字是 25；如果一个数的个位数字是 0，那么它的平方末两位数字是 00。

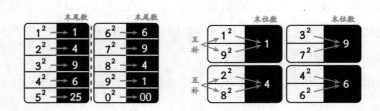

3. 根据几十五的平方确定出最终结果。

一般情况下，利用前两步可能并不能直接得到开方结果。比如【亲子探索】中提到的 1 444，根据第一步和第二步，我们只能把它的开方结果锁定在 32 和 38 之间。为了从中筛选出最终结果，还需要算出 35^2 的值。通过"首相同尾合十"的计算小技巧，易知 $35^2 = 1\ 225$，$1\ 444 > 1\ 225$，所以开方之后的数应该是 38。

也就是当我们要对一个完全平方数进行开平方的操作，确定好十位数字（在此用 a 表示），而个位数字有两种可能时，需要根据这个完全平方数和 $\overline{a5}$（比如十位数字是 4，这里的 $\overline{a5}$ 就表示 45；十位数字是 6，$\overline{a5}$ 就表示 65）平方的大小关系，去进行进一步筛选。

【家庭挑战】

1. 请圈出下列数中的完全平方数，并对它们进行开平方的运算。

625	815	925	1 245	765	4 225
5 625	725	435	855	985	2 025

2. 下列各数都是完全平方数，请找出它们分别是哪些数的平方，并利用第七章第三节【能力拓展】中介绍的平方数的巧算方法进行验证。

7 921	4 489	8 464	784
1 024	3 721	5 329	9 801

【能力拓展】

恭喜你，能闯到这一关的都是英雄，因为你已经领会了开平方的奥秘！请根据刚才的启示，思考如何徒手开立方。

以下各数都能表示成某个整数的立方，请运用你聪明的大脑来对它们进行开立方运算。

4 096

54 872

300 763

提示：因为 $100^3=1\ 000\ 000$，首先判断出这些数开立方之后都是百以内的数；根据整十数的立方确定开立方之后的十位数字；再通过个位数字的立方规律得出最终结果。

【家长小提示】

1. 掌握 20 以内数的平方和一位数的立方，虽然不是课程强制要求，但熟练掌握这两部分内容可以极大程度地提升孩子的数感。如果孩子有额外的时间和精力，建议通过反复练习来加深记忆。

2. 本节的内容实际上是对于乘法运算的逆向应用，能够提升孩子的逻辑思维和推理能力。

3. 对于学有余力的孩子，可以在计算之余深度挖掘背后的原理。比如，思考为什么两个一位数相加等于 10 时，它们平方的个位数字也相同呢？我们可以用 a 来表示其中一个数，那么另一个数可以用 $10-a$ 来表示。$(10-a)^2=100-20 \times a+a^2$，因为 100 和 $20 \times a$ 的个位数字都是 0，所以 $(10-a)^2$ 的个位数数字和 a^2 的个位数字相同。

4. 在生活中，我们可以用计算器出题来进行数学练习。举个例子，假如家长随机想到了一个数 49，先用计算器求出 49 的平方，得到 2 401，然后把 2 401 展示给孩子，让孩子练习开平方的运算。

5. 开立方的运算难度比较大，仅建议学有余力的孩子去深入思考和探索。

第三节 倒序数的秘密

倒序数，顾名思义，就是把顺序倒过来的数。比如 238 的倒序数就是 832，419 的倒序数就是 914。那么，这些数之间是否存在某种有趣的规律呢？我们又能如何巧妙地运用这些规律，创造出五彩缤纷的数学魔术呢？

【亲子探索】

活动 1：请分别求出下列两位数的倒序数，并求出这些倒序数与原来那个两位数的和，看看谁算得最快？

42，68，35，17，64，48，72，69，12，66，91，16.

上面各数的倒序数分别是：

24，86，53，71，46，84，27，96，21，66，19，61.

原数与它们倒序数的和分别是：

66，154，88，88，110，132，99，165，33，132，110，77.

不知道你有没有发现，这些数与它们倒序数的和都能够被 11 整除。请你仔细想想，这是什么原因呢？你能否利用这一规律，更便捷地求出任意两位数与它的倒序数之和呢？

拿 42 举例，它表示 4 个十和 2 个一，对应的表达式是 $4 \times 10 + 2 \times 1$，这个表达式也可以理解成 10 个 4 和 1 个 2；

42 的倒序数是 24，它表示 $2 \times 10 + 4 \times 1$，可以理解成 10 个 2 和 1 个 4；

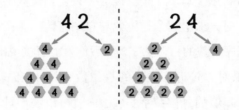

把它们加在一起，42+24，相当于把 10 个 4、1 个 2、10 个 2、1 个 4 全部合在一起，就变成了 11 个 4 和 11 个 2，也就是 11 个 6。

所以要计算 42 与它倒序数的和，我们只需要进行下面的步骤就可以了：2+4=6，6×11=66，是不是方便许多？

也就是要计算一个两位数与它的倒序数的和，我们只需要把这个两位数的个位数字和十位数字加在一起，然后乘以 11 就可以了！

那么，在理解的基础上，请你运用刚才的规律解决活动 1 中剩下的计算吧！

活动 2：请分别求出下列两位数的倒序数，并求出这些倒序数与原来那个数的差，看看这些差有什么共同特点呢？

42，68，35，17，64，48，72，69，12，66，91，16.

下面揭晓答案，检查一下你们的计算结果：

18，18，18，54，18，36，45，27，9，0，72，45.

它们的共同特点是都能被 9 整除，请你仔细想想，这究竟是什么原因导致呢？

我们把 42 表示成 $4 \times 10 + 2 \times 1$，可以理解成 10 个 4 和 1 个 2；24 表示成

$2\times10+4\times1$，可以理解成 10 个 2 和 1 个 4；这样它们的差就是 9 个 4 与 9 个 2 的差，相当于 4 与 2 差的 9 倍。所以要计算 42 与它的倒序数的差，只需要简单两步就可以了：4–2=2，$2\times9=18$。

也就是说，要计算一个两位数与它的倒序数的差，我们只需要求出这个两位数的个位数字与十位数字的差，然后乘 9 就可以了！如果你真的理解了，请运算这一规律重新计算活动 2 中的其他问题吧！

活动 3：恭喜你已经完成了热身，终于来到本节的核心区域！请看这个魔术。

第一步，让对方在纸上写下一个三位数（只要百位数字和个位数字不相等就可以）；第二步，让对方求出这个三位数与它倒序数的差；第三步，让对方告诉你这个三位数与它倒序数差的百位数字。然后你就能直接说出它们的差是多少了。

举个例子，如果对方告诉你差值的百位数字是 8，你就可以说出最终的计算结果是 891；如果差值的百位数字是 4，你就可以说出计算结果是 495；如果差的百位数字是 6，你就可以说出计算结果是 693。

对于百位数字和个位数字不相等的三位数来说，它与倒序数的差非常有特点，可用右图来表示：

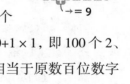

至于原因嘛，其实你只要随便举个例子就懂了。比如对方写的是 152，它表示的是 $1\times100+5\times10+2\times1$，即 100 个 1、10 个 5 和 1 个 2。它的倒序数 251 表示的是 $2\times100+5\times10+1\times1$，即 100 个 2、10 个 5 和 1 个 1。相减之后就是 99 个 2 与 99 个 1 的差，相当于原数百位数字与个位数字差的 99 倍。因为百位数字与个位数字不相同，所以百位数字与个位数字之差在 1~9 的范围内，它们与 99 的乘积分别为：

百位数字与个位数字差	1	2	3	4	5	6	7	8	9
×99	99	198	297	396	495	594	693	792	891

它们都符合百位数字与个位数字之和为 9、十位数字为 9 的共同特点，所以就有了刚才的魔术。

【知识总结】

1. 任意两位数与它的倒序数之和都是它的十位数字与个位数字和的 11 倍。

2. 任意两位数与它的倒序数之差都是它的十位数字与个位数字差的 9 倍。

3. 对于任意百位数字和个位数字不相等的三位数，它与倒序数之差的百位数字与个位数字的和是 9，它与倒序数之差的十位数字是 9。

【家庭挑战】

运用本节知识快速计算下列各式。

621−126=   91−19=

381−183=   68+86=

【能力拓展】

1. 快速计算下列算式：

1 234+2 341+3 412+4 123=

2. 有个魔术是这样设计的，请观众随意说一个三位数（要求这个三位数的百位数字与个位数字的差不小于 2）：

第一步，求出它的倒序数；第二步，求出初始数与倒序数的差；第三步，求出第二步计算结果的倒序数；第四步，将第二步和第三步的两个数相加，会发现结果始终是同一个数。请你亲自尝试，求出最终的计算结果，并说明原因。

【家长小提示】

1. 本节的设计目的是让孩子深入了解位值原理，通过探讨倒序数的表示，理解原数和倒序数的和以及原数与倒序数的差所遵循的特殊规律，并运用这一规律进行巧算。

2. 对于同一道计算题，我们可以采用多种验证方法。本节课介绍了有关倒序数的一些计算技巧，但重要的是让孩子在理解的基础上灵活运用，而非机械记忆，这样才能增加孩子对于数的理解。

第四节 关于 9 的奥秘

不知你发现没有，9 是个非常神奇的数字，很多数学魔术都离不开对 9 的巧妙运用。

【亲子探索】

假设你在看一场魔术表演，舞台上的魔术师从观众席里随机挑出一名幸运观众，接下来的操作是这样的：

魔术师让幸运观众在屏幕上随意写出两个五位数，它们分别是 51 268 和 86 426；

魔术师也在屏幕上写出一个五位数 48 731；

幸运观众又在屏幕上写出一个五位数 36 564；

魔术师紧随其后又写出一个五位数 63 435。

现在就是见证奇迹的时刻了！只见聪明的魔术师飞快地把这五个数加在一起，喊出 286 424 这个结果！

你能猜到其中的奥秘吗？

仔细观察这些数，你会发现这五个数的总和 286 424 与其中的某个数很像：86 426，我们想知道的谜底或许就藏在这里。根据我们的直觉，魔术师写出的那两个数应该也暗藏玄机，如果我们把刚才那些数的出场顺利稍微改变，真相就水落石出了！

通过比较，我们发现第二行的 51 268 与第三行的 48 731 之间有一种微妙的关系，那就是：在每个对应的数位上，它们的数字之和都等于 9！

同样的关系也适用于第四行的 36 564 和第五行的 63 435，这两组数的和都是 99 999。

$$\begin{array}{r} 5\ 1\ 2\ 6\ 8 \\ +\ 4\ 8\ 7\ 3\ 1 \\ \hline 9\ 9\ 9\ 9\ 9 \end{array} \qquad \begin{array}{r} 3\ 6\ 5\ 6\ 4 \\ +\ 6\ 3\ 4\ 3\ 5 \\ \hline 9\ 9\ 9\ 9\ 9 \end{array}$$

就这样，看似复杂的问题就得到了转化：

86 426+51 268+48 731+36 564+63 435

=86 426+99 999+99 999

=86 426+(100 000−1)+(100 000−1)

=86 426+200 000−2

=286 424。

难怪最后求出的计算结果 286 424 和 86 426 如此相像！原来魔术师只是在表

演的过程中迅速找到了两个能分别凑成 99 999 的数而已。不过要想顺利完成这个魔术，确保在表演过程中不出差错，你必须还得多掌握一个技能，这就是快速找到相加等于 9 的一对数的能力。这个技能不光能让你在亲朋好友面前大展身手，还能对平时的计算题有极大帮助呢！

【知识总结】

两个相加等于 9 的数字，其组合方式如下：

0	1	2	3	4	5	6	7	8	9
9	8	7	6	5	4	3	2	1	0

要知道，反复练习并熟练记忆这几对数字，不光对这个小魔术有奇效，还能成为你运算能力的神助攻！

有了这些铺垫，当你判断某个数是否能被 9 整除的时候，就不用再"傻傻地"硬算了。比如要判断 89 514 是否是 9 的倍数，最"笨"的方法就是列竖式。而有幸读过这本书的你，肯定能想到可以利用各个数位上的数字求和的方式去判断：8+9+5+1+4=27，因为 27 是 9 的倍数，所以 89 514 也是 9 的倍数。

不过即使是这样，仍然会费一番周折。而假如你熟练掌握了能凑成 9 的一对数，就能一眼看出 8 和 1 能凑成 9，5 和 4 能凑成 9，还剩下一个 9，而 9 本身也是 9 的倍数，因此 8、9、5、1、4 这五个数字的和也一定是 9 的倍数，这样你就能一眼看出 89 514 能被 9 整除啦！

有了这些铺垫，我们接着往下看。

【家庭挑战】

请快速挑出下列数中能被 9 整除的数。

2 591	72 501	120 596	8 435	64 943
9 423	790 511	134 621	50 813	79 821

提示：判断一个数是否能被 9 整除，其实并不一定要将所有数位上的数字都加在一起，只需将能凑成 9 的数字都去掉，去看剩下的数字之和即可。

比如 390 561，3+6=9，所以 3 和 6 可以直接去掉；0 和 9 本身都能被 9 整除，可以直接忽略；这样只剩下了 5 和 1。因为 5+1=6，6 不能被 9 整除，易知 390 561 也不能被 9 整除。

为了更加出色地完成挑战，你还需要自行总结更多能凑成 9 的数组。比如：（1,1,7）、（2,3,4）、（1,4,4）、……

【能力拓展】

请完成这样一个魔术表演：

第一步，让你的家人任意写出一个数（0 除外）；第二步，把这个数乘 9；第三步，将上一步所得结果的各个数位上的数字相加；第四步，重复进行第三步，直到所得结果是一位数为止。

举个例子：

初始数是 5 012，

$5\,012 \times 9 = 45\,108$，

4+5+1+0+8=18，

1+8=9。

那么最后所得结果一定是 9，请你试着讲述魔术原理。

【家长小提示】

1. 【亲子探索】中的魔术表演可以在玩的气氛中显著提高孩子的计算能力。为顺利完成这个小魔术，孩子需要掌握以下技能：一是能迅速找到凑成 9 的几对数；二是需要理解有一个加数接近整百、整千甚至更大数运算的底层逻辑（比如 86 426+99 999=86 426+100 000−1=186 425）。

2. 掌握能够凑成 9 的数对或数组，对于计算检查有奇效，相关内容会在第十一章讲述。

第(五)节 神秘的数字口袋

亲爱的朋友，你知道吗？人类的计数方式决定了我们对于数的认知。

到目前为止，或许你只接触过十进制。在十进制的数学王国里，一直都是遵循满十进一的计数原则：十个一凑成一个十，十个十凑成一个百，十个百凑成一个千……

可能是因为人类有十根手指，所以才发明了十进制。其实，世界上还存在着很多其他进制的数字，它们看上去可能显得有些稀奇古怪。如果想了解关于进制的知识，我们先来看看有趣的数字口袋吧！

【亲子探索】

有一个神秘的数字口袋，里面藏着 7 张卡片，每个卡片上都印有一个数。无论你从 1 到 100 的范围内选取哪一个整数，都能用口袋中的某一张或者若干张卡片，以求和的方式表示出来。

请猜猜看，这 7 张卡片上分别印着哪些数字呢？

下面揭晓答案：这 7 张卡片上的数分别是 1、2、4、8、16、32、64，你猜中了吗？不信的话，你可以随意找出 1~100 范围内的整数，来亲自验证一下。

比如：

数字 78，可以通过 64、8、4 和 2 这四张卡片求和得到；数字 12，可以通过 8 和 4 这两张卡片求和得到；数字 50，可以通过 32、16 和 2 这三张卡片求和得到。

你可以多多尝试一些数，最终你会发现，无论选哪个数，都能用这 7 张卡片中的一张或者某几张求和表示出来。是不是很神奇呢？仔细想想，你是如何通过这 7 张卡片来凑数的呢？

其实，这是关于二进制的巧妙运用。如果你能理清刚才的思路，就已经是对二进制有了初步的认识！

【知识总结】

为厘清二进制的计数原理，我们先要彻底理解十进制的本质。在十进制中，我们遵循"满十进一"的进位方式。十进制只用到了 0~9 这十个数字。

我们需要通过有序排列 1 和 0 这两个数字来表示十。它占用了两个数位，左边的 1 表示 1 个十，右边的 0 表示 0 个一。

在二进制的世界里，进位方式是满二进一的。所以利用二进制进行计数，我们只需要用到 0 和 1 这两个数字。

因此，如果想用二进制表示二，只占用一个数位就不够了，需要占用两个数位（为了和十进制进行区分，我们会在数字的右下角标注二进制的记号），记作 $10_{(2)}$。左边的 1 表示 1 个二，右边的 0 表示 0 个一。

这样我们就在十进制和二进制之间建立了这样一种关系：

$$10_{(2)} = 2$$

它的含义是：十进制中的 2，在二进制中用 10 表示。

按照这样的原理，我们可以把十进制中的 3 也通过二进制来进行表示：$3 = 11_{(2)}$，它可以表示成 1 个二和 1 个一。

那么你猜猜 4 又该如何利用二进制表示呢？

根据满二进一的规律，两个 2 合在一起就形成了一个 4，需要向更高位进行进位。因此为了表示 4，需要占用三个数位：$4=100_{(2)}$。

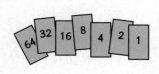

不知道你发现没有，如果我们按照从大到小的顺序，将这 7 张卡片上的数字进行排列，它们都满足二倍关系：64、32、16、8、4、2、1。这正是二进制的精髓！

当我们想用二进制来表示其他数时，只需要这样操作：在被选中卡片的下方记作 1，未选中卡片的下方记作 0。

64	32	16	8	4	2	1	十进制数字
0	0	0	0	0	0	0	0
0	0	0	0	0	0	1	1
0	0	0	0	0	1	0	2
0	0	0	0	0	1	1	3
0	0	0	0	1	0	0	4
0	0	0	0	1	0	1	5
0	0	1	1	0	1	0	50
1	1	0	0	1	0	0	100

和十进制类似，二进制高位的 0 可以不显示。比如 5 可以用二进制这样表示：$101_{(2)}$。

给你任意一个二进制数，我们都可以通过联想每一位所对应的数字卡片的和，把它转换成十进制。

比如 $101000_{(2)}$，可以这样转换：

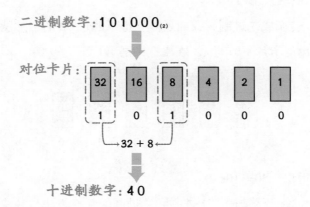

二进制数字：$101000_{(2)}$

对位卡片：

| 32 | 16 | 8 | 4 | 2 | 1 |
| 1 | 0 | 1 | 0 | 0 | 0 |

32 + 8

十进制数字：40

再比如 $1111_{(2)}$，可以这样转换：

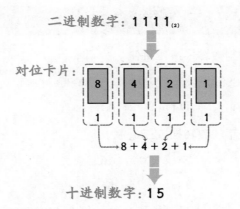

二进制数字：$1111_{(2)}$

对位卡片：

| 8 | 4 | 2 | 1 |
| 1 | 1 | 1 | 1 |

8 + 4 + 2 + 1

十进制数字：15

看到这里，相信你已经学会如何把二进制转换成十进制了。那么反过来，对于任意十进制数字，我们又该如何把它转换成二进制呢？

让我们回归到刚才的问题，对于 1~100 范围内的任意数，我们是怎样通过那 7 张数字卡片来进行组合的呢？

举个实例，比方说 50：我们首先要找到和它最为接近的卡片（当然，这张卡片上的数要小于 50），这样就挑出了 32；然后我们用 50 与 32 作差得到 18；接下来按照前面的逻辑，继续寻找和 18 最为接近的卡片，又挑出了 16；然后我们用 18 和 16 作差得到了 2；而 2 正好是数字卡片中的一张，于是我们得到 50=32+16+2。

为了把 50 转换成二进制，我们还需要把不超过 32 的卡片从大到小依次进行排列，在挑出的卡片下方写 1，在未选中的卡片下方写 0：

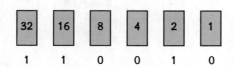

所以我们得出：50=110010$_{(2)}$。

看到这里，你已然掌握了十进制和二进制的互换方法！赶快趁热打铁，去进行下面的挑战吧！

【家庭挑战】

1. 将下列二进制数转换成十进制。

110001$_{(2)}$　　1000001$_{(2)}$　　110111$_{(2)}$　　10000$_{(2)}$

10101$_{(2)}$　　11000$_{(2)}$　　1111$_{(2)}$　　110011$_{(2)}$

2. 将下列十进制的数转换成二进制。

95　　　　78　　　　24　　　　16

15　　　　29　　　　33　　　　96

3. 10000000$_{(2)}$ 表示十进制的哪个数？那么 100000000$_{(2)}$ 呢？

【能力拓展】

让我们热身一下。

利用二进制的意义，求出数字口袋中这 7 个数的和：

1+2+4+8+16+32+64。

提示：把它们转换成二进制。

$$
\begin{array}{r}
1 \\
10 \\
100 \\
1000 \\
10000 \\
100000 \\
+\ 1000000 \\
\hline
1111111
\end{array}
$$

1111111$_{(2)}$ +1$_{(2)}$ =10000000$_{(2)}$ =2^7=128.

$1+2+4+8+16+32+64=1111111_{(2)}=10000000_{(2)}-1_{(2)}=2^7-1=127.$

你是否有了一些启发呢？接下来请你按照上面的思维过程，试着计算 $1+2+4+\cdots+1\,024$ 的值。

【家长小提示】

1. 认识二进制可以增进孩子对于计数方式的理解。在十进制的世界中一直是满十进一的，而在二进制的世界里则是满二进一。所以 $1\,000$ 这样的计数形式在十进制中表示 10^3，而在二进制中则表示 2^3。

2. 可以给孩子布置手工作业，亲手做出印有 1、2、4、8、16、32、64 这七个数的卡片，从 1 到 100 的范围内任取一个数，让孩子自行组合。在动手过程中，孩子既锻炼了加法计算能力，又增强了数感，且有助于加深对于二进制的理解。

3. 通过从大到小的顺序排列这 7 张数字卡片，有利于形成孩子对于数位的认知。需要让孩子充分理解这 7 个数的由来：1、1×2、$1\times2\times2$、$1\times2\times2\times2$、$1\times2\times2\times2\times2$、$1\times2\times2\times2\times2\times2$、$1\times2\times2\times2\times2\times2\times2$。对于二进制的数位来说，例如 $100\,000_{(2)}$，1 的右边有几位，1 所在的数位就表示几个 2 连续相乘。因此 $100\,000_{(2)}=1\times2\times2\times2\times2\times2=32$。

第九章　比出来的数感

奇妙的运算规律不仅仅暗藏在"="里，如果你来到了"＞"和"＜"的世界，或许会有意想不到的收获呢！

在这一章，你将会对加、减、乘、除的本质有更深刻的理解，还能进一步建立计算错误反馈机制。让我们一起进入不等号的世界吧！

第一节　等号与不等号

所谓的不等号，是在表示不等关系的时候使用的。在小学阶段，孩子们只需要把"＞"和"＜"彻底"搞清楚"，就能一通百通了。

不过请注意，这里说的"搞清楚"，可不仅仅是会比较两个数的大小关系这么简单。其实，不等号中渗透了许许多多深刻的运算逻辑，它们可以帮助我们更深入地理解计算的本质。

【亲子探索】

请在□内填入满足不等关系的最大整数。

（1）5+□＜12　　（2）8+9＞□

（3）28−□＞19　　（4）□−16＜9

要解决这些问题，其实方法有许多，下面以小题（1）举例说明。

第一种思路：

为了让 5+□ 的计算结果小于 12，就需要让□内的数尽可能地小。在思路不够明晰的时候，你可以先通过试数的方式感知这个式子左右两边的数量关系。比如把□内的数设为 0，代进去试试，发现 5+0=5，5＜12，所以□内的数为 0 时，是符合要求的。既然 5+0 的结果和 12 还有一定距离，就说明□内的数还有许多种可能性：

当□内是 1 时，5+1=6，6＜12；当□内是 2 时，5+2=7，7＜12；当□内是 3 时，5+3=8，8＜12；当□内是 4 时，5+4=9，9＜12；当□内是 5 时，5+5=10，10＜12；当□内是 6 时，5+6=11，11＜12。

这时你注意到，11 和 12 只有"一步之遥"了。当□内是 7 时，5+7=12，就不符合式子的不等关系了。根据你的常识，当□内的数比 7 大时，左边的计算结果一定会比 12 大。所以要寻找满足不等关系的最大的数，我们只需在 0、1、2、3、4、5、6 里面寻找就够了。于是我们得到最终结果：□内最大的数是 6。

虽然你已经利用上面的方法做出了小题（1），但仍觉得不踏实，因为当这些数变得更大时，一一列举就会显得太过烦琐。比如 162+□＜798，这个□里最大的整数足够你找半天的！是时候升级你的数学思维了，我们需要更精准地抓住计算的本质。

第二种思路：

满足不等关系的数可能有许多，而满足相等关系的其实只有一个。所以当我们解决和不等关系有关的问题时，可以通过"="去过渡。把 5+□＜12 转化成 5+□=12，□=7。两个数相加，当一个加数不变，另一个加数变小时，它们的和也变小。所以通过逆向思维，就能够判断出□内的数是小于 7 的，而 6 是比 7 小的最大整数。于是我们得到结果：□内最大的数是 6。

你发现了吗，用这样的方式去思考不等号问题，非常简洁明了。更重要的是，它让我们更接近计算的本质。

请试着用这种思路完成剩下的几个小题吧，做完后与下面的答案进行核对。

（1）6；（2）16；（3）8；（4）24。

【知识总结】

为了解决和"<"与">"有关的问题，我们需要完成从等号到不等号的过渡。首先要从"="入手，找到等式成立的情况，下一步再根据具体情况具体分析。

受到上面的启发，我们总结如下：

1. 两个数进行加法运算。

如果其中一个加数不变，另一个加数变大，它们的和就变大；反之，如果其中一个加数不变，另一个加数变小，它们的和就会变小。

2. 两个数进行减法运算。

如果被减数不变，减数变大，差就会变小；如果被减数不变，减数变小，差就会变大；如果减数不变，被减数变大，差就会变大；如果减数不变，被减数变小，差就会变小。

【家庭挑战】

1. 请在□内填入满足不等关系的最小整数。

（1）25+□ > 78　　　（2）16+54 < □

（3）66–□ < 19　　　（4）□–16 > 9

2. 请在□内根据要求填入满足 600 × □ < 420 000 的数。

（1）最大整数；（2）最大整十数；（3）最大整百数。

3. 请在□内填入满足不等关系的最大整数（建议学习了小数的运算再来完成）。

（1）64 ÷ □ > 9　（2）□ ÷ 7 < 6　（3）87 ÷ 9 > □

提示：对于乘法和除法来说，也同样存在着奇妙的运算规律。这些就需要你充分调动自己的大脑来进行总结了。框架我已经帮你整理好了：

两个数进行乘法运算时，如果其中一个乘数不变，另一个乘数_____，它们的乘积就会_____；反之，如果其中一个乘数不变，另一个乘数_____，它们的乘积就会_____。

两个数进行除法运算时，如果被除数不变，除数_____，商就会_____；如果被除数不变，除数_____，商就会_____；如果除数不变，被除数_____，商就会_____；如果除数不变，被除数_____，商就会_____。

【能力拓展】

1．请在□内填入 0~9 中满足题目要求的最大整数。

（1）□12×6 的结果是三位数

（2）□12×6 的结果是四位数

（3）□8×24 的结果是三位数

（4）2□9×4 的结果是三位数

2．请在□内填入满足要求的最大整数。

（1）$\frac{7}{8} \times \frac{2}{9} < \frac{7}{\square}$　　（2）$\frac{\square}{8} \times \frac{2}{9} < \frac{7}{8}$　　（3）$\frac{5}{8} \times \frac{\square}{9} < \frac{7}{8}$

【家长小提示】

1．和"="相比，">"和"<"的理解更为复杂，将等号与不等号建立有机联系，可以加深孩子对于不等关系的认识。

2．解决不等式问题可以有多种方法，比如把两个数量的关系想象成跷跷板。5+□=12，是一个平衡状态的跷跷板；5+□＜12，相当于跷跷板含有□的一端更轻。在跷跷板的两端同时减去相同的数，不等关系依然不会发生改变。所以就在"＜"的左右两端同时减5，左边就只剩下□，而右边就变成12−5得到7。这样的理解方式更形象。

3．【家庭挑战】中的第3题和【能力拓展】中的第2题，如果孩子尚未学习分数，可以通过对于除法的理解来寻找答案。

4．在日常生活中，可以多让孩子亲自出含有□的不等式问题，通过这样的练习可以让孩子在头脑中形成一个移动的数轴，为后续内容的学习奠定坚实的基础。

第二节 巧比加法算式

你有两个口袋，总共装着 100 个苹果，现在把第一个口袋中的 3 个苹果掏出来放进第二个口袋，问：现在两个口袋总共有多少个苹果？

你会转转机灵的小眼珠，立刻信心满满地答道：两个口袋里苹果的总数没有变！

这个看似简单的道理，就是本节课的精髓，如果你真正领会了，便可以开始下面的挑战了。

【亲子探索】

请和你的家人来一场比赛，看看谁能用最短的时间完成下列比大小。

（1）258+92 ○ 158+192　　　　（2）849+537 ○ 949+337

（3）546+238 ○ 551+236

下面公布答案：

（1）258+92＝158+192　　　　（2）849+537 ＞ 949+337

（3）546+238 ＜ 551+236

你填对了吗？

你们可以相互检查一下对方的计算过程。可是如果你看一眼赛赛老师的草稿纸，就会发现上面竟然空空如也。

想解决这一类问题，有更加简便的方法哦！

要想提升数感，一定要有意识地锻炼你的火眼金睛。拿第一组算式举例，258+92 和 158+192，你不觉得它们有些相似吗？ 258 和 158 的后两位数字一样，92 和 192 的后两位数字也相同。也就是说，和左边加法算式中的 258 相比，右边的第一个加数 158 少了 100；和左边算式中的 92 相比，右边的第二个加数

192 多了 100。

联想本节开始的那个例子，假如两个装苹果的口袋，一个口袋里放 258 个苹果，第二个口袋里放 92 个苹果。现在从第一个口袋中取出 100 个苹果放进第二个口袋，这样第一个口袋里就只剩下 158 个苹果，而第二个口袋里就变成了 192 个苹果。在 258+92=158+192 这一算式中，我们其实完全没必要做加法计算，也能知道这两个口袋里的苹果总数根本没变过。

受这个启发，后面的两个算式相信你也能很快找到窍门：

849+537 和 949+337 这两个算式，因为 949 比 849 多 100，337 比 537 少 200，所以合在一起相当于后者的计算结果比前者少 100，所以 849+537 > 979+337；

546+238 和 551+236 这两个算式，因为 551 比 546 多 5，236 比 238 少 2，所以合在一起相当于后者的计算结果比前者多 3，所以 546+238 < 551+236。

【知识总结】

当我们做加法算式比大小时，可以把它们想象成两个装有苹果的口袋，从其中一个口袋中拿出若干个苹果放进另一个口袋，这两个口袋中的苹果总数不会发生改变。

运用这一规律，我们就能轻而易举地知道下面各组算式都是相等的：

56+82=57+81=58+80=59+79=…=76+62=77+61=78+60=79+59=80+58=81+57=82+56.

如果我们把这一大串等式中的首尾两个算式抽出，就变成了：

56+82=82+56.

这不正是加法交换律嘛！

将 56 和 82 进行加法运算，56+26=82，82-26=56，这两个加数一个增加 26，另一个减小 26，它们的和不会发生改变。这样的道理对于加法交换律也同样适用。

因此，当我们比较两个加法算式的大小关系时，完全可以参照下面的规律。

1. 两个加数求和，如果两个加数都增加（或减小），它们的和也增加（或减小）。

2. 两个加数求和，如果一个加数增加 a，另一个加数减小 b，那么它们的和究竟是增加还是减小，还要看 a 和 b 的大小关系：

当 $a < b$ 时，新算式的计算结果和原算式相比，会减小 $b-a$；

当 $a=b$ 时，新算式的计算结果和原算式相等；

当 $a > b$ 时，新算式的计算结果和原算式相比，会增加 $a-b$。

举个例子，当我们比较 49+32 和 58+20 时，58 比 49 多 9，20 比 32 少 12。因为 12-9=3，所以 58+20 的计算结果和 49+32 相比少 3。

有了上面的总结，我们就可以进行实战演练了，只有亲自尝试，你才会意识到这个方法有多巧！

【家庭挑战】

比较下列算式的大小。

1. 726+941 ○ 526+841　　　　　2. 18+97 ○ 81+79

3. 61+199 ○ 161+178　　　　　4. 560+126 ○ 801+10

5. 65+18 ○ 25+48

提示：有时候虽然左右两边的加数看起来关联度并不高，但我们还是可以根据变化量的范围来进行比较。比如题目 2.，81-18 是比 60 大的数，而 97-79 却比 20 小，所以显然 81+79 比 18+97 更大。

【能力拓展】

请根据本节内容，尝试计算以下题目，全面升级你的加法速算技巧。

1. 156+298　　　　　2. 751+1 998　　　　　3. 815+599

提示：利用两数相加，其中一个加数多几，同时另一个加数少几，和不变的特点进行巧算。

【家长小提示】

1．掌握加法算式比大小的技巧并非本节的重点，真正的重点在于培养孩子观察算式的能力。提高观察能力是提升数感最直接有效的方法。

2．在学习过程中，要注重数学能力的不断升级，也就是说随着孩子年龄的增长，他们对于同一类问题应该有更加全面和深入的认识和理解。比如加法交换律，本小节即是提出了一个全新的理解视角，这一点需要让孩子用心体会并吸收。

3．在计算过程中培养数学思维是学好数学的关键。当比较两个算式的大小时，家长应引导孩子有意识地通过算式特征来进行分析，不能过分地依赖笔算的方法去验证。

第（三）节　不算也能比大小

经过上一节的加法算式比大小的学习，相信你已经找到了其中的乐趣。如果我们能够进一步深入理解算式背后的逻辑，不仅可以避免很多冗余的计算，还能使你的解题思路更加简明直接。在本节，你将接触到更多有意思的比大小问题，全面拓展并激发你的数学思维。

【亲子探索】

请比较下列各组算式的大小。

1. 812－568 ○ 612－368　　　　　　2. 681－189 ○ 651－159

3. 708－162 ○ 808－262

下面公布答案：刚才的三道小题，都是相等的关系，你答对了吗？你有什么好的解题思路吗？欢迎和你的家人一起分享和总结。

以上三组算式有两个共同特点：

一是每组算式左右两边都是两个数进行减法运算；

二是每一组算式被减数和减数同时增加（或减少），且它们的增加值（或减小值）是相等的。比如在题目 1 中，和 812-568 相比较，612-368 相当于原算式中的被减数和减数同时减小了 200。

那么当被减数和减数分别发生了不同的变化时，又该如何判断呢？请对下列各组算式进行比大小，并进行总结。

4. 76-29 ○ 85-19   5. 816-529 ○ 629-586

6. 84-16 ○ 98-20   7. 94-68 ○ 44-28

题目 4 中，和左边的算式相比，被减数增加，减数减小，就意味着被减数和减数的差距拉大了，它们的差一定是增加的，所以 76-29 < 85-19；

题目 5 中，被减数减小，减数增加，就意味着被减数和减数的差距缩小了，它们的差也会变小，所以 816-529 > 629-586；

题目 6 中，和左边的算式相比，被减数增加 14，减数增加 4，因为 14-4=10，所以和 84-16 相比，98-20 的计算结果增加 10，所以 84-16 < 98-20；

题目 7 中，和左边的算式相比，被减数减小 50，减数减小 40，因为 50-40=10，所以和 94-68 相比，44-28 的计算结果减小 10，所以 94-68 > 44-28。

由此，我们得到了接下来的结论。

【知识总结】

当两个数进行减法运算时：

1. 如果被减数变大，减数变小，它们的差变大；

2. 如果被减数变小，减数变大，它们的差变小；

3. 如果被减数增加 a，减数增加 b，

当 $a > b$ 时，它们的差增加 $a-b$；当 $a=b$ 时，它们的差不变；当 $a < b$ 时，它们的差减小 $b-a$。

4. 如果被减数减小 a，减数减小 b，

当 $a > b$ 时，它们的差减小 $a-b$；当 $a=b$ 时，它们的差不变；当 $a <$

b 时，它们的差增加 $b-a$。

【家庭挑战】

1. 在不计算的前提下，快速比较下列算式大小。

（1）182–76 ○ 281–176　　　（2）562–198 ○ 682–165

（3）78–16 ○ 108–36　　　　（4）405–68 ○ 950–395

（5）708–651 ○ 908–750

2. 根据差不变的性质，巧算下列算式。

（1）813–198　　　　　　　（2）781–399

（3）156–57　　　　　　　　（4）628–329

3. 请比较下列各组算式大小，并进行总结。

（1）48×6 ○ 26×3　　　　　（2）36×17 ○ 18×34

（3）54×23 ○ 18×68　　　　（4）18×12 ○ 17×25

提示：两个数相乘，

当_____时，它们的乘积不变；当_____时，它们的乘积变大；当_____时，它们的乘积变小。

4. 请比较下列各组算式大小，并进行总结。

（1）48÷6 ○ 26÷3　　　　　（2）36÷17 ○ 18÷8

（3）54÷6 ○ 18÷12　　　　　（4）228÷12 ○ 450÷24

提示：两个数相除，

当_____时，它们的商不变；当_____时，它们的商变大；当_____时，它们的商变小。

【能力拓展】

请试着比较下列两组算式的大小，并说出你的思路。

1. 28×7 ○ 27×8　　　　　　2. 16×7 ○ 17×6

提示：28×7=20×7+8×7

【家长小提示】

1. 通过上一节和本节的内容，孩子已经学会了比较加、减、乘、除四种算式的大小。在比较大小的过程中，最重要的是让孩子体会这四种运算的本质逻辑。

2. 根据【家庭挑战】中的题目3和题目4，家长需要引导孩子自行总结乘法和除法的运算规律，可以类比加法和减法进行结论梳理。

3. 在日常生活中，孩子和家长可以互相出题，看谁出的题目能难到对方，出题的过程也正是构造和增强数感的过程。

第（四）节　隐含在算式中的不等号

随着运算量的增多，其实我们也积累了更多经验，而这些经验反过来又会对我们的数感和思维起着更好的补充和提升作用。比如 $2.38 \times 0.98 = 2.7264$ 这个算式，你能否一眼就看出问题来呢？

【亲子探索】

课间休息时间，班里的计算大王小刚快速翻阅了好友小明的作业本，一眼就揪出了错题。

你知道小刚是如何做到的吗？可以和家人一起试试看，你们是否也能快速发现错误呢？

<1> $115 + 192 = 186$

<2> $381 - 286 = 473$

<3> $5.6 \times 2.1 = 5.16$

<4> $38 \times 0.99 = 39.15$

<5> $93 \div 3.1 = 106$

<6> $204 \div 0.17 = 189$

其实，小明本子上的六道题全都做错了！判断方式很简单，他之所以会把这么明显的错误摆在那里，是因为没有体会到运算中隐含的大小关系。我们一起来分析一下。

（1）中左边是一个加法算式，根据我们的计算常识，115 与 192 的和肯定要比这两个加数大，115+192＞192，而小明所得到的计算结果是 186，186＜192＜115+192，显然算式出现了错误；

（2）是一个减法算式，我们都知道，当减数不为零时，被减数与减数的差一定小于被减数，381-286＜381，而小明得到的计算结果 473 比被减数 381 还要大，这是不正确的；

（3）中的算式 5.6×2.1 比 5.6 的 2 倍还要大一点，而右边的结果 5.16 则比 5.6 小，它们不可能相等；

（4）也是一个乘法算式，38×0.99 可以表示成 38 的 99% 是多少，显然这应该是一个比 38 小的数，所以 38×0.99＜38，小明得到的结果 39.15 比 38 还要大，是错误的；

（5）93÷3.1 这是一个除法算式，如果你的数感还不错，就能直接说出它等于 30。不过，即使不用亲自计算也能知道 93 与 3.1 的商肯定比 93 小，所以 93÷3.1=106 出现了错误；

（6）204÷0.17，我们知道 204÷1=204，当被除数不变时，除数变小对应的商就会变大，所以 204÷0.17 的计算结果肯定比 204 大，更不可能得到 189，这样我们轻而易举地就发现了问题。

以上六个式子都是可以不用计算就能直接得出结果是错误的，一些数量关系隐含在算式中，根据这些规律，我们完全有能力发现更多的计算问题，并进一步增强数感。通过上面的思考，你得到了怎样的启发呢？

【知识总结】

在小学阶段，你所接触到的运算，对于正数的加减乘除来说，都有着这样的规律：

1. 两个数相加，它们的和比它们中的任意数都大；

2. 两个数相减，它们的差比被减数小；

3. 不为 0 的两个数相乘，当其中一个乘数大于 1 时，它们的乘积比另一个乘数大；当其中一个乘数等于1时，它们的乘积和另一个乘数相同；当其中一个乘数小于1时，它们的乘积比另一个乘数小；

4. 两个数相除，当除数大于1时，它们的商比被除数小；当除数等于1时，它们的商和被除数相等；当除数小于1（不为0）时，它们的商比被除数大。

【家庭挑战】

1. 请利用刚才的结论，不计算，直接比较下列算式的大小。

（1）$62 \times 0.7 \bigcirc 6.2$ （2）$1 \div \dfrac{9}{13} \bigcirc \dfrac{9}{13}$

（3）$72 \div 12.5 \bigcirc 7.2$ （4）$68 \times 0.72 \times 2.5 \bigcirc 68$

（5）$324 \div 180 \bigcirc 3$

2. 隐含在算式中的不等关系还有很多，比如带余数的除法运算。请你试着完成下面的题目。

小明的作业本被水弄湿了，□内的数是模糊不清的部分，请你帮他还原本来的算式。

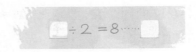

$$\square \div 2 = 8 \cdots\cdots \square$$

提示：余数<除数

【能力拓展】

下面各个算式中的□表示模糊不清的数，请试着分析它们的所有可能性。

1. $19 \div \square = 3 \cdots\cdots \square$ 2. $67 \div \square = \square \cdots\cdots 7$

3. $\square \div 6 = 8 \cdots\cdots \square$

提示：为深入理解被除数、除数、商和余数的关系，你可能需要下面的公式。

被除数 ÷ 除数 = 商……余数；被除数 = 除数 × 商 + 余数；被除数 – 余数 = 除数 × 商；余数 = 被除数 – 除数 × 商；除数 =（被除数 – 余数）÷ 商；商 =（被

除数 – 余数) ÷ 除数。

【家长小提示】

1. 在平时的课内练习中，孩子们接触到的多是等式，拿到算式就直接计算，很容易缺乏一个观察和思考的过程。本节意在帮助形成比较大小的意识，一些数量关系是暗含在算式当中的，如果能够运用好这些规律可以有效减少计算错误。

2. 对于孩子的计算错误，可以放在一起去分析和反思，看看哪些错误是利用本节课知识就可以避免的。让孩子领会，一些简单的计算错误，即使不用验算，也能一眼发现计算问题。

3. 对于数感较强的孩子来说，可以进一步提高判断难度。比如【亲子探索】中的各个小题，可以把算式改为：

（1）115+192=286   （2）381–286=103

（3）5.6 × 2.1=10.16   （4）38 × 0.99=36.27

（5）93 ÷ 3.1=25   （6）204 ÷ 0.17=2 400

这对于孩子的观察分析能力又会是全新的升级！

第（五）节   巧探运算规律

很可能你一直有这样一个疑问：即使加法交换律、加法结合律、乘法交换律、乘法结合律和乘法分配律你全都掌握了，但是一些类似的运算却经常出现这样或者那样的错误。应该怎么办呢？别灰心，当加、减、乘、除放在更加复杂的四则运算中，本来就容易混淆，错用或者滥用这些运算律，将造成错误的计算结果。通过这一节，你将学会利用比较大小的方式去发现这些错误，进而避免出错。祝你好运！

【亲子探索】

请判断下列各组算式的大小关系，并说明理由。

1. 58-19+18 ○ 58+19-18　　　　2. 67+16-29 ○ 67-16+29

3. 18-5+21 ○ 18+5+21　　　　　4. 64-22+23 ○ 64-22-23

5. 78-19+29 ○ 78-(29-19)　　　　6. 50-28+9 ○ 50+(28-9)

下面公布答案：

1. 58-19+18 < 58+19-18　　　　2. 67+16-29 < 67-16+29

3. 18-5+21 < 18+5+21　　　　　4. 64-22+23 > 64-22-23

5. 78-19+29 > 78-(29-19)　　　　6. 50-28+9 < 50+(28-9)

你都答对了吗？

要知道，它们都是你在加减混合运算中最容易出现的错误，一不小心就用等号连接了。我们要想杜绝出现类似的计算问题，完全可以从它们之间的大小关系入手解决。

拿题目 1 举例，我们可以把 58-19+18 理解成：现在你有 58 元零花钱，先花了 19 元买你喜欢吃的小零食，然后因为一些在计算上的出色表现，妈妈又奖励给你 18 元，现在你手里有多少钱呢？

拿到这样的问题，我们其实并不是挨个计算的，而是先去考虑今天到底是花钱了还是得到钱了。花了 19 元，又收到 18 元，它们合在一起的效果相当于你只少了 1 元钱。

而题目 1 中右边的 58+19-18 则意味着，妈妈先奖励你 19 元，而后你又花了 18 元，相当于你只多了 1 元钱。

前者比 58 少 1，后者比 58 多 1，显然它们之间应该用"<"连接：58-19+18 < 58+19-18。

你学会了吗？请用类似的方法去分析剩下的 2 至 6 题，并思考，在加减混合的运算中，可以如何变形？又有哪种变形方法是错误的呢？

【知识总结】

通过上面的问题，我们分析了一些加减混合运算，可以把它们简单分成两类：带符号搬家和加括号问题。

1. 带符号搬家。

在运算中的每一个数都是有它自身的身份的，比如同样的 19，放在减号后面 89–19，19 是以减数的身份存在的；而放在加号后面 89+19，19 就变成了加数身份。所以决定一个数在算式中意义的，是它前面的那个符号，当我们想改变运算顺序时，也需要把数字与它前面的符号进行捆绑，让它们带着自己原来的符号搬家：$a+b-c=a-c+b$。

2. 加括号。

在算式 $a+b-c$ 中，如果我们只关注于 a 在计算前后发生的变化，只须比较 b 和 c 的大小关系即可。

（1）当 $b > c$ 时，通过计算相当于 a 变大了，就有 $a+b-c=a+(b-c)$；

（2）当 $b=c$ 时，通过计算相当于 a 不变，就有 $a+b-c=a+0=a$；

（3）当 $b < c$ 时，通过计算相当于 a 变小了，就有 $a+b-c=a-(c-b)$。

【家庭挑战】

1. 请挑出和原算式计算结果相同的算式，并用剩下的算式和它比较大小。

原算式：25–9+12

25+12+9　　　　25–9–12　　　　25+12–9　　　　25–(12–9)

25+(12–9)　　　12+9+25　　　12–9+25　　　25–12+9

2. 请挑出和原算式计算结果相同的算式，并用剩下的算式和它比较大小。

原算式：$45 \div 5 \times 15$

$45 \div 15 \div 5$　　　$45 \times 5 \times 15$　　　$45 \div 15 \times 5$　　　$45 \times 15 \div 5$

$45 \times (15 \div 5)$　　　$45 \div (15 \times 5)$

*$45 \div (5 \div 15)$　　*$45 \times (5 \div 15)$（带 * 的题目表示可供学过分数运算的读者选

做）

提示：可以根据前面加减混合的【知识总结】，梳理乘除混合的变形方式：

带符号搬家：$a \times b \div c =$ _____

加括号：$a \times b \div c =$ _____

（1）当_____时，_____；

（2）当_____时，_____；

（3）当_____时，_____。

$a \times b \div c =$ _____$=$ _____（如果你已经学过了分数运算，则可以绕过分类环节）

【能力拓展】

请比较下列各式的大小，并进行总结。

1. $162 \div 9 \bigcirc 90 \div 9 + 72 \div 9$

2. $162 \div (3+6) \bigcirc 162 \div 3 + 162 \div 6$

根据上面的结论，$162 \div 9$ 可以这样进行转化吗？

3. $162 \div 9 = (90+72) \div 9 = 90 \div 9 + 72 \div 9$

4. $162 \div 9 = 162 \div (3+6) = 162 \div 3 + 162 \div 6$

【家长小提示】

1. 四则运算中常出现的计算错误，很多时候都是因为对于运算的底层逻辑理解不清晰所导致的。和课内的五大运算律相比，加减混合运算、乘除混合运算以及乘法分配律的误用是最容易出错的部分。通过本节的学习，可以让孩子有效避免公式的变形错误，并加深对公式的理解。

2. 从比较算式大小的角度出发，我们可以发现一些算式变形的典型错误。家长可以引导孩子在学习过程中将这些方法迁移运用，深度挖掘算式背后的逻辑原理，这样可以让孩子的解题思路更加清晰有条理。

第十章　理出来的数感

在熟练掌握了加、减、乘、除这四种基本运算之后，我们就可以进行复杂的四则运算了。

要想真正玩转四则运算，你需要做好这两件事：梳理符号和梳理数字。梳理符号可以让运算顺序准确无误，梳理数字则有助于简便运算。在这两件事的协同作用下，你的数感就会得到显著提升，让你在四则运算的世界中更加游刃有余！

第一节　逆向思维——简单算式的重组

优秀的数感，需要你具备化零为整的能力，把简单的数字和算式巧妙整合为复杂而有序的四则运算。这就好像一位出色的指挥家把持有不同乐器的乐手们和谐地融入一个交响乐团中。当你把简单的运算进行整理和精心编排，变成层次鲜明、逻辑严谨的四则运算时，你思维的逻辑性和严密性能得到极大程度的锻炼。请你做好准备，来迎接今天的数学挑战吧！

【亲子探索】

请观察以下几组算式，每组算式之间具有怎样的联系呢？试着把它们合并在一起。

1. $18 \div 6 = 3$ $3 \times 15 = 45$ $45 - 7 = 38$

2. $28 - 4 = 24$ $8 + 6 = 14$ $24 - 14 = 10$

3. $63 - 55 = 8$ $72 \div 8 = 9$ $18 \times 9 = 162$

以题目 1 为例，先梳理出各个算式的联系。

通过观察可以发现，这三个算式是通过两个相同的数据进行衔接的，为了方便说明，我们把这两个数涂上颜色加以区分，并给这三个算式标上序号：

① $18 \div 6 = 3$ ② $3 \times 15 = 45$ ③ $45 - 7 = 38$

如果我们把这些衔接数用与它们相关的算式取代，就能够把这些简单的算式连接起来：

连接①和②：$18 \div 6 \times 15 = 45$，$45 - 7 = 38$

连接②和③：$18 \div 6 \times 15 - 7 = 38$

通过上面的一番操作，我们就把第一组算式成功进行了合并，最后别忘了再代入检验，要计算 $18 \div 6 \times 15 - 7$ 的结果，需要进行三步：

① $18 \div 6 = 3$ ② $3 \times 15 = 45$ ③ $45 - 7 = 38$

经过检验，这一算式完全符合题目要求。

按照这样的方式，我们可以把剩下的两组算式也都进行合并。

题目 2：$(28 - 4) - (8 + 6)$

题目 3：$18 \times [72 \div (63 - 55)]$

想要顺利将简单算式有序组合成四则运算，你需要非常熟悉四则运算的顺序。

【知识总结】

以运算中是否有括号为标准进行分类，将四则运算的顺序梳理如下：

1. 当运算中没有括号时。

（1）我们把加法和减法叫作第一级运算，乘法和除法叫作第二级运算，如果算式中只出现同级运算（只含有加减法或者只含有乘除法），要按照从左向右的顺序进行计算。

比如 26+8-5-6，它的运算顺序是：

26+8=34，34-5=29，29-6=23。

再比如 $5 \times 6 \times 2 \div 4$，它的运算顺序是：

$5 \times 6=30$，$30 \times 2=60$，$60 \div 4=15$。

（2）如果算式中出现两级运算（既有加减法又有乘除法），就先算第二级运算（乘除法），再算第一级运算（加减法）。

比如 $5+6 \times 7$，它的运算顺序是：

$6 \times 7=42$，$5+42=47$。

2. 当运算中出现括号时。

要先算括号里面的，再算括号外面的；

如果包含 { }、[ ]、( )，则运算顺序为：( )、[ ]、{ }。

比如 $6 \times \{38-[(16-12) \times 8]\}$，它的运算顺序是：

$16-12=4$，$4 \times 8=32$，$38-32=6$，$6 \times 6=36$。

你发现了吗？有括号参与的运算，会更复杂一些。为了让你对于括号的用途有更深刻的体会，我们可以玩一个游戏！

【家庭挑战】

1. 在不改变下列算式运算符号的前提下，请按照下面的计算顺序要求给算式添加括号（或不添加），并得出计算结果。

（1）$59-16 \times 2+1$

A. 加、乘、减　　　　　　　　B. 减、乘、加

C. 减、加、乘　　　　　　　　D. 乘、加、减

E. 乘、减、加

提示：以上题中的 A 为例，要让算式按照加、乘、减的顺序计算，需要这样加括号：

$59-16 \times (2+1)$

该算式可以这样计算：$59-16 \times 3=59-48=11$。

（2）$9 \times 48+12 \div 3-1$

A．乘、除、加、减   B．加、除、减、乘

C．加、乘、除、减   D．加、减、乘、除

E．减、乘、除、加

2．将下列算式合并在一起，变成四则运算。

（1）$18 \div 6=3$ $52 \div 4=13$ $3 \times 13=39$

（2）$56 \div 7=8$ $11-8=3$ $120 \div 3=40$

（3）$27 \times 4=108$ $200-108=92$ $92 \times 2=184$ $185-184=1$

【能力拓展】

请根据四则运算顺序，求出各个算式中□内的数。

1．$48 \times 4 - 5 \times □=132$

2．$(16+25) \times □ -18=105$

3．$10-(38+17) \div □ =5$

4．$(12 \times 6-□) \times 18=108$

提示：首先分析运算顺序，然后再逆向求解。

例如题目 1，其运算顺序如下：

第一步，$48 \times 4=192$；第二步，计算 $5 \times □$；第三步，将前两步的计算结果作差 $192-5 \times □=132$。

要求□内的数，需要采用逆向推导法：

$5 \times □=192-132=60$，所以□$=60 \div 5=12$。

然后再将□$=12$ 代入原来的算式进行检验：

$48 \times 4=192$，$5 \times 12=60$，$192-60=132$。

这样就验证了结果的正确性。

【家长小提示】

1．四则运算是小学数学计算中的一大挑战，虽然很多孩子已经掌握了加、

减、乘、除这四种简单算式的运算方法，但是在四则运算过程中仍然会经常出错，这是因为他们对于计算的优先级和顺序还不够熟悉。

2．想要对四则运算有着更全面的掌握，我们需要引导孩子变换角度去体会运算逻辑，而不只是会简单求解。这样的练习可以让孩子更深入地理解数学运算的本质。

3．本节内容给出了三种锻炼四则运算能力的方法，分别放在了【亲子探索】、【家庭挑战】和【能力拓展】这三个板块。在练习过程中，请鼓励孩子持续深入，把这些方法融入日常生活中，多让孩子自行出题并求出相应的结果，这样的实践有助于培养孩子的逻辑思维逻辑能力、条理性和逆向思维能力。【能力拓展】中□内数字的倒推过程是方程思想的重要基础，对孩子未来的数学学习大有益处。

第二节　四则运算的文字表述

你是否尝试过把一个相对复杂的四则运算，用自己的语言重新复述呢？比如 $76 \div (9-5)$，其实它有很多不同的表述方式：

76 除以 9 与 5 的差，商是多少？

9 减去 5 的差除 76，商是多少？

76 里面有多少个 9 与 5 的差？

…………

虽然这些文字表述看起来不太一样，却都对应同一个算式，请你仔细体会它们的语言逻辑。

【亲子探索】

建议你和家人来一场比赛。将以下八个算式分成两组，其中 1~4 这前四个算式，由你将它们的文字表述写在纸上，让对方通过你的表述写出相关的算式；5~8 这后四个算式，由对方将它们的文字表述写在纸上，你来写出相关算式。

看谁写对的最多。

1. 1 569–18 × 25　　　　　　　　　2. 36 × (19–8)

3. (59–49) × 59　　　　　　　　　4. 189 ÷ (21–12)

5. 26–6 ÷ 3　　　　　　　　　　6. (8–5) × (9 ÷ 3)

7. 99 × [18+(26–9)]　　　　　　　8. (200–65 × 3) ÷ 5

下面的文字表述仅供参考。

1. 1 569 减去 18 与 25 的乘积，差是多少？

2. 36 乘 19 与 8 的差，积是多少？

3. 59 与 49 差的 59 倍是多少？

4. 用 21 与 12 的差去除 189，商是多少？

5. 26 比 6 除以 3 的商多多少？

6. 8 与 5 的差乘 9 除以 3 的商，积是多少？

7. 99 乘 18 加 26 与 9 之差的和，积是多少？

8. 200 减去 65 的 3 倍所得的差，除以 5，商是多少？

当然，上面的每一道题其实表述方式都不是唯一的，但请注意，你的表述必须能得到确切的式子，不能有歧义。比如对于算式 1，如果你只是简单把它读出来：1 569 减 18 乘 25，这样是不可以的。因为通过这样的表述，我们不能确定它所对应的式子到底是 1 569–18 × 15，还是 (1 569–18) × 25。规范的表述所对应的算式必须是唯一的。

通过上面的练习，相信你会意识到，即便是一个简单的算式，也能有许多种表述方式。若想让自己的表述尽可能丰富，就需要用更加灵活的方式对它们进行加工。

【知识总结】

1. 加法的不同表述。

以 3+5 为例，它可以用以下方式表述：

（1）3 加 5 的和是多少？

（2）比 3 多 5 的数是多少？

···········

2. 减法的不同表述。

以 5–3 为例，它可以用以下方式表述：

（1）5 减去 3 的差是多少？

（2）求 5 与 3 的差。

（3）5 比 3 多多少？

（4）3 比 5 少多少？

···········

3. 乘法的不同表述。

以 5×3 为例，它可以用以下方式表述：

（1）5 乘 3 的积是多少？

（2）5 和 3 的乘积是多少？

（3）3 的 5 倍是多少？

（4）5 的 3 倍是多少？

（5）5 个 3 加在一起是多少？

（6）3 个 5 加在一起是多少？

···········

4. 除法的不同表述。

以 15÷3 为例，它可以用以下方式表述：

（1）15 除以 3，商是多少？

（2）3 除 15，商是多少？

（3）15 里面包含多少个 3？

（4）15 是 3 的多少倍？

（5）把 15 平均分成 3 份，每一份是多少？

···········

有了它们，你就可以完成后面的挑战了！

【家庭挑战】

请将下列文字转换成算式，并求出计算结果。

1．6 除 56 加 58 的和，商是多少？

2．892 减去 27 与 12 的积，差是多少？

3．5 个 24 的和除以 18 减去 6 的差，商是多少？

4．483 加 23 的 10 倍，所得的和除以 23 得多少？

5．800 减去 8 个 18 的和，所得的差是多少？

6．864 减去 8 除 168 的商，差是多少？

7．25 加上 6 的 18 倍，所得的和再减去 85，差是多少？

8．13 除 689 的商比 80 少多少？

9．18 与 36 的和乘它们的差，积是多少？

【能力拓展】

请根据下面的文字表述，求出相应的数。

1．48 个 5 减去一个数除以 6 的商，差是 120，这个数是多少？

2．81 与 18 的和比一个数乘 6 的积多 9，这个数是多少？

3．155 减去 123 的差除一个数的商比 10 少 6，这个数是多少？

4．16 的 12 倍减去一个数所得的差，与 12 的乘积是 168，这个数是多少？

提示：可以用□来表示未知的数。

以 1 为例：

$48 \times 5 - □ \div 6 = 120 \rightarrow 240 - □ \div 6 = 120 \rightarrow □ \div 6 = 240 - 120 = 120 \rightarrow □ = 120 \times 6 = 720.$

【家长小提示】

1．在数学的世界里，既离不开数学语言，也离不开文字语言。通过本节内容的学习，可以锻炼孩子的语言组织能力，并加深对于算式背后的含义的理解。

2．四则运算的文字表述可以让孩子理清思维脉络，使其思维更加清晰。在语言表述过程中，要特别关注算式的运算顺序。这些练习对于培养孩子的逻辑思维能力有着较大的帮助。

3．本节内容的一个难点是关于除法的表述。"5除3"和"5除以3"表达的是两个截然不同的算式，前者是$3÷5$，而后者是$5÷3$。家长需要让孩子学会准确区分这两者之间的区别。

4．【能力拓展】中的题目既考察了孩子思维的逻辑性，也体现了方程思想。用□来表示未知数是一种比较直观的方法。如果孩子已经学习了方程的相关内容，他们可以直接用x表示未知数，并通过解方程的方法来求未知数。

第三节　多个数的连加、连减和加减混合巧算

通过前两节的学习，相信你对四则运算的顺序已经了然于心。不过，要想真正把这部分计算技能练得炉火纯青，并不是一件容易的事。因为有相当多的计算问题，是需要在符号与数字之间灵活转换，这就需要我们用灵敏的数感去捕捉、寻找更加巧妙的技算方法。

从本小节开始，你将进入一个不一样的四则运算世界！

【亲子探索】

如果一个算式只出现加法和减法，或者乘法与除法，那么这个算式就只包含同级运算。连续加法、连续减法或加减混合的算式，我们称之为只包含第一级运算的四则运算。

像89+56−56这样的算式应该如何计算呢？依照四则运算规则，我们知道按顺序应该是先计算89+56=145，然后再计算145−56=89。不过这样的计算过程太麻烦了，涉及两次进位和两次退位。而根据计算常识，89加上56再减去

56，相当于 89 没有发生改变，这样就能绕过烦琐的计算过程，直接得到结果。如果在接触这样问题时，你也能想到类似的方法，那么恭喜你已经初步形成了对于算式的观察能力！

观察下面的算式，它们之间有一些是可以巧算的，有一些则只能按部就班地计算。请算出相应的结果，如果可以巧算的请用简便方法。

1．186+294–86
2．56+69+44
3．816–175+216
4．540–276+60
5．423+125–422
6．168–(89–68)

下面公布答案：

1．186+294–86=186–86+294=100+294=394.

2．56+69+44=56+44+69=100+69=169.

3．816–175+216=641+216=857.

4．540–276+60=540+60–276=600–276=324.

5．423+125–422=423–422+125=1+125=126.

6．168–(89–68)=168–21=147.

其中题目 1、2、4、5 都是可以巧算的。而题目 3 和 6 如果你只注意到表面的数字关联，而忽略了运算法则，就会出现这样的错误：

3．816–175+216
=816–216+175
=600+175
=775

6．168–(89–68)
=168–89–68
=168–68–89
=100–89
=11

因此，我们在巧算过程中，不能只关注数据上的巧合，更应注重的是算式的变形法则。

【知识总结】

在只包含第一级运算的四则运算中，有三种算式变形类型。

1．带符号搬家。

每个数左边相邻的符号决定了它的身份，（第一个数默认左边与它相邻的符号是"+"）。如果我们用 a、b、c 来表示参与运算的三个数，可以得到以下变形：

$a+b+c=a+c+b=b+c+a=b+a+c=c+a+b=c+b+a$

$a-b-c=a-c-b$

$a+b-c=a-c+b=b+a-c=b-c+a$

上面的规则也可以向多个数的加减混合运算推广：

比如 $a+b-c-d+e=a-c-d+b+e=b+e-c-d+a=e-c+a+b-d=\cdots$

2．加括号。

一般来说，添加括号要以初始数据前后的变化量为依据进行考量。下面分别就连加、连减和加减混合举例说明：

（1）56+11+9，相当于 56 先增加 11，再增加 9，所以合在一起相当于在 56 的基础上增加了 11+9，就能得到这样的变形：56+11+9=56+(11+9)。

可以推广为：$a+b+c=a+(b+c).$

$a+b+c+d+e=a+(b+c+d+e).$

（2）56-11-9，相当于 56 先减少 11，再减少 9，所以合在一起相当于在 56 的基础上减少了 11+9，就能得到这样的变形：56-11-9=56-(11+9)。

可以推广为：$a-b-c=a-(b+c).$

$a-b-c-d-e=a-(b+c+d+e).$

（3）56+11-9，相当于 56 先增加 11，再减少 9，所以合在一起相当于在 56 的基础上增加 11-9，就能得到这样的变形：56+11-9=56+(11-9)。

当然，根据带符号搬家的变形法则，56-9+11 可以用上述方法进行变形：56-9+11=56+(11-9)。

可以推广为：$a+b-c=a-c+b=a+(b-c)$，其中 $b>c$。

$a+b+c-d-e=a+[(b+c)-(d+e)]$，其中 $b+c>d+e$。

（4）56-11+9，相当于 56 先减少 11，再增加 9，所以合在一起相当于在

56 的基础上减少 11-9，就能得到这样的变形：56-11+9=56-(11-9)。

当然，根据带符号搬家的变形法则，56+9-11 可以用上述方法进行变形：56+9-11=56-(11-9)。

可以推广为：$a-b+c=a+c-b=a-(b-c)$，其中 $b > c$。

$a-b-c+d+e=a-[(b+c)-(d+e)]$，其中 $b+c > d+e$。

3. 去括号。

只包含第一级运算的带有括号的四则运算，如果为了巧算想把括号去掉，需要从括号左边与它相邻的符号入手分析：

$a+(b+c)=a+b+c.$ 　　　　$a+(b-c)=a+b-c.$

$a-(b+c)=a-b-c.$ 　　　　$a-(b-c)=a-b+c.$

当括号前是"+"时，把括号拆开之后，用"+"与括号中的第一个数相连接，其他都不变号；当括号前是"-"时，把括号拆开之后，用"-"与括号中的第一个数相连接，其他都要逐一变号。

这样，我们就能进一步推广：

$a+b+(c+d-e-f+g)=a+b+c+d-e-f+g.$

$a+b-(c+d-e-f+g)=a+b-c-d+e+f-g.$

…………

在明确规则之后，我们就可以正式开始巧算大挑战啦！

【家庭挑战】

请完成下列各题，能巧算的要尽量巧算，并进行总结：什么情况下需要移项、加括号或是去括号。

1. 516+29-116　　　　　　　2. 37-16+17

3. 48-29+27　　　　　　　　4. 89-23-19

5. 23+18+77　　　　　　　　6. 178+(532-78)

7. 500-(100-29)　　　　　　8. 196-(156-96)

提示：所谓移项、加括号、去括号，都是为了先把两个数捆绑在一起，用"+"

或"–"号连接。具体来说，有凑整（两个数相加等于整十整百），有去尾（两个数的个位数字或末尾几位数字相同），还有相近（两个数可以通过"–"连接，它们的差很小，比如题目2）。

【能力拓展】

请用巧算的方法解决下列各小题。

1. $1\,562-9-99-999$

2. $587-299+298-297+296.$

3. $299+396+495-694-97-59$

4. $165+302-89-303+85.$

5. $(2+4+6+\cdots+98+100)-(1+3+5+\cdots+97+99).$

6. $486+(684+287)-(286-116)+75-76.$

7. $8\,486-(1\,265-689)+(265-589)-486.$

【家长小提示】

1. 移项以及添、减括号是加减混合四则运算的重难点。在学习过程中，孩子不仅要掌握巧算技巧，更要深入理解其背后的逻辑，明确哪些情况下可以运用巧算技巧，哪些情况下不能使用巧算技巧。在算式变形的过程中，既要分析数据特点，也要全面考虑符号特征。

2. 自主学习和主动探索是学好数学的关键。第一级运算的四则运算，还有许多类型的题目，这需要孩子在平时的学习过程中自己积极发现、深入挖掘并善于总结。

第四节 多个数的连乘、连除和乘除混合巧算

如果说在第一级运算中，巧算能起到画龙点睛的作用，那么在只涉及第二级运算的题目中，巧算就是不可或缺的重要工具了。在很多连乘、连除或者乘

除混合运算中，如果你捕捉不到数量之间的关系，很可能会陷入困境。

举个例子，比如 $25 \times 17 \times 4$，如果按顺序逐一计算，你会花费大量的时间。计算 25×17，很可能你还要列竖式，而如果你精通巧算，就能直接看出这里面有正好能凑成 100 的数对：$25 \times 4 = 100$。所以 $25 \times 17 \times 4$ 就能转化成 $25 \times 4 \times 17 = 100 \times 17 = 1\,700$。由此可见，学会将算式进行恰当的变形，对于乘除法运算来说，是多么重要！

在这一节，你将接触更多关于连乘、连除以及乘除混合的四则运算，很多运算规则都可以和上一节的内容相互呼应，通过本节内容的学习，相信你一定会收获多多！

【亲子探索】

什么样的运算可以巧算呢？又该如何识破一些题目中的陷阱呢？你可以先根据前一节的内容梳理思路，再来和家人来一场比赛，比比谁做的又快又准吧！

1. $25 \times 89 \times 4$　　　　　　2. $51 \times 16 \div 17$

3. $134 \times 68 \div 34$　　　　　　4. $666 \div 9 \div 37$

5. $125 \times 8 \div 125 \times 8$　　　6. $48 \times 36 \times 25 \times 125$

下面公布答案：

1. $25 \times 89 \times 4 = 25 \times 4 \times 89 = 100 \times 89 = 8\,900.$

2. $51 \times 16 \div 17 = 51 \div 17 \times 16 = 3 \times 16 = 48.$

3. $134 \times 68 \div 34 = 134 \times (68 \div 34) = 134 \times 2 = 268.$

4. $666 \div 9 \div 37 = 666 \div (9 \times 37) = 666 \div (3 \times 37 \times 3) = 666 \div 333 = 2.$

5. $125 \times 8 \div 125 \times 8 = 125 \div 125 \times 8 \times 8 = 64.$

6. $48 \times 36 \times 25 \times 125 = 8 \times 6 \times 4 \times 9 \times 25 \times 125 = 6 \times 9 \times (8 \times 125) \times (4 \times 25)$ $= 5\,400\,000.$

以上题目均可以通过巧算来解决。请认真思考，在刚才的求解过程中，你都用到了哪些变形呢？

【知识总结】

通过前一节的【知识总结】，相信你已经有能力独立完成接下来的内容。

1. 在只包含第二级运算的四则运算中，有以下三种算式变形类型。

（1）带符号搬家。每个数左边相邻的符号决定了它的身份，（第一个数默认左边与它相邻的符号是"＿＿＿＿"）。如果我们用 a，b，c 来表示参与运算的三个数，可以得到以下变形：

$a \times b \times c=$＿＿＿＿＝＿＿＿＿＝＿＿＿＿＝＿＿＿＿

$a \div b \div c=$＿＿＿＿

$a \times b \div c=$＿＿＿＿＝＿＿＿＿＝＿＿＿＿

上面的规则也可以向多个数的加减混合运算推广：

比如：$a \times b \div c \div d \times e=a \bigcirc c \bigcirc d \bigcirc b \bigcirc e=b \bigcirc e \bigcirc c \bigcirc d \bigcirc a=e \bigcirc c \bigcirc a \bigcirc b \bigcirc d=\cdots$

（2）加括号。一般来说，添加括号要以初始数据前后的变化量为依据进行考量。下面分别就连乘、连除、乘除混合举例说明。

① $56 \times 4 \times 25$，相当于 56 先乘 4，再乘 25，所以合在一起相当于将 56 扩大成它的 4×25 倍，就能得到这样的变形：$56 \times 4 \times 25=56 \times (4 \times 25)$。

可以推广为：$a \times b \times c=$＿＿＿＿

$a \times b \times c \times d \times e=$＿＿＿＿

② $5\,600 \div 4 \div 25$，相当于 5 600 先除以 4，再除以 25，所以合在一起相当于 5 600 直接除以 4×25 的乘积，就能得到这样的变形：$5\,600 \div 4 \div 25=5\,600 \div (4 \times 25)$。

可以推广为：$a \div b \div c=$＿＿＿＿

$a \div b \div c \div d \div e=$＿＿＿＿

③ $56 \times 18 \div 9$，相当于 56 先扩大成自己的 18 倍，再缩小成上一步结果的 $\frac{1}{9}$，所以合在一起相当于 56 直接乘 18 与 9 的商，就能得到这样的变形：$56 \times 18 \div 9=56 \times (18 \div 9)$

可以推广为：$a \times b \div c =$ _____，其中 b 是 c 的倍数。

$a \times b \times c \div d \div e =$ _____，其中 $b \times c$ 是 $d \times e$ 的倍数。

④ $56 \div 18 \times 9$，相当于 56 先缩小成自己的 $\frac{1}{18}$，再扩大成上一步结果的 9 倍，所以合在一起相当于 56 缩小成自己的 $\frac{1}{2}$，就能得到这样的变形：

$56 \div 18 \times 9 = 56 \div (18 \div 9)$

可以推广为：$a \div b \times c =$ _____，其中 b 是 c 的倍数。

$a \times b \times c \div d \div e =$ _____，其中 $d \times e$ 是 $b \times c$ 的倍数。

（3）去括号。只包含第二级运算的带有括号的四则运算，如果为了巧算想把括号去掉，需要从括号左边与它相邻的符号入手分析：

$a \times (b \times c) = a \times b \times c$

$a \times (b \div c) = a \times b \div c$

$a \div (b \times c) = a \div b \div c$

$a \div (b \div c) = a \div b \times c$

当括号前是"_____"时，把括号拆开之后，用"_____"与括号中的第一个数相连接，其他都不变号；

当括号前是"_____"时，把括号拆开之后，用"_____"与括号中的第一个数相连接，其他都要逐一变号。

这样我们就进一步推广：

$a \times b \times (c \times d \div e \div f \times g) = a \bigcirc b \bigcirc c \bigcirc d \bigcirc e \bigcirc f \bigcirc g$

$a \times b \div (c \times d \div e \div f \times g) = a \bigcirc b \bigcirc c \bigcirc d \bigcirc e \bigcirc f \bigcirc g$

…………

下面是答案：

（1）×

$a \times b \times c = a \times c \times b = b \times c \times a = b \times a \times c = c \times a \times b = c \times b \times a$

$a \div b \div c = a \div c \div b$

$a \times b \div c = a \div c \times b = b \times a \div c = b \div c \times a$

$a \times b \div c \div d \times e = a \div c \div d \times b \times e = b \times e \div c \div d \times a = e \div c \times a \times b \div d = \cdots$

（2）$a \times b \times c = a \times (b \times c)$

$a \times b \times c \times d \times e = a \times (b \times c \times d \times e)$

$a \div b \div c = a \div (b \times c)$

$a \div b \div c \div d \div e = a \div (b \times c \times d \times e)$

$a \times b \div c = a \times (b \div c)$,

$a \times b \times c \div d \div e = a \times [(b \times c) \div (d \times e)]$,

$a \div b \times c = a \div (b \div c)$,

$a \times b \times c \div d \div e = a \div [(d \times e) \div (b \times c)]$,

（3）$a \times (b \times c) = a \times b \times c$

$a \times (b \div c) = a \times b \div c$

$a \div (b \times c) = a \div b \div c$

$a \div (b \div c) = a \div b \times c$

× 、× 、÷ 、÷

$a \times b \times (c \times d \div e \div f \times g) = a \times b \times c \times d \div e \div f \times g$

$a \times b \div (c \times d \div e \div f \times g) = a \times b \div c \div d \times e \times f \div g$

2．一些常用的数对。

关于乘除法的巧算，你还要积累一些有用的数对，比如：

（1）$2 \times 5 = 10$

（2）$4 \times 25 = 100$

（3）$8 \times 125 = 1\,000$

（4）$37 \times 3 = 111$

（5）$7 \times 11 \times 13 = 1\,001$

…………

【家庭挑战】

请利用本节知识完成下列各题。

1. $27 \times (18 \div 3) \div 9$　　2. $7\,000\,000 \div (125 \times 25 \times 2 \times 16)$

3. $560 \div (56 \times 2 \div 88)$　　4. $89\,089 \div 7 \div 11 \div 13 \div 89$

5. $41\,000 \div 125 \times 2$　　6. $600 \div 25 \times 300$

7. $3\,700 \div 74 \div 25$　　8. $888 \times 9 \div 8$

提示：在一部分除法运算中，可以通过把被除数拆分成跟除数关系更密切的算式来进行巧算，比如 $700 \div 25 = (7 \times 100) \div 25 = 7 \times 100 \div 25 = 7 \times (100 \div 25) = 7 \times 4 = 28$。

【能力拓展】

请在 ○ 内填入相应符号，完成下列算式变形，并计算出最终结果。

1. $67 \times 89 \times 48 \div (67 \times 12) = 67 \times 89 \times 48 ○ 67 ○ 12$

2. $186 \times 54 \times (1\,000 \div 62) = 186 ○ 54 ○ 1\,000 ○ 62$

3. $1\,956 \times 18 \div 36 = 1\,956 ○ (36 ○ 18)$

4. $125 \times 888 \div 37 = 125 ○ (888 ○ 37)$

5. $720 \div (24 \times 15 \div 7) = 720 ○ 24 ○ 15 ○ 7$

6. $4\,800 \times (6 \times 72 \div 25) \div (144 \div 5) = 4\,800 ○ 6 ○ 72 ○ 25 ○ 144 ○ 5$

【家长小提示】

1. 通过类比前一节内容，孩子能够推导出本节关于连乘、连除以及乘除混合运算的巧算方法，这个探索和发现的过程本身非常重要，它标志着孩子进入了自主学习的正轨。

2. 要想培养强大的数感，一定要有意识地去积累并记忆有用的数对。除了本节课提到的数对以外，还有更多数对需要孩子去自行积累。例如，$360 = 24 \times 15$、$91 = 7 \times 13$、$182 = 7 \times 26$ 等，这些都对今后的巧算有重要的作用。

3. 所谓数感，就是对于符号和数字的捕捉能力。在观察和分析过程中，找到计算的关键点或突破口，可以省去大量的时间和精力，获得满满的成就感。

第（五）节　玩转乘法分配律

当某个四则运算既包含第一级运算又包含第二级运算时，将对我们的数感有了更高的要求。我们不仅需要凑整、去尾的技巧，还应该注意提取相同因数。针对这类问题，往往需要利用乘法分配律来做算式变形的。现在，让我们一起来迎接本章最后一节的挑战吧！

【亲子探索】

当运算中既出现加（或减），又出现乘（或除）时，对于看起来计算量较大的算式来说，一般都是可以利用乘法分配律进行巧算的。

举个例子，比如 $57 \times 63 + 57 \times 37$，在这个算式中既出现了乘法，又出现了加法。根据四则运算的顺序，需要优先计算二级运算，实际上 57×63 和 57×37 是并列关系，这两个算式的和就是 $57 \times 63 + 57 \times 37$ 的最终结果。我们只需简单观察，就能发现它们有一个公因数 57，因此用提取公因数的方式就能进行巧算：

$57 \times 63 + 57 \times 37 = 57 \times (63 + 37) = 57 \times 100 = 5\,700$。这种方法明显比按部就班地计算 57×63、57×37，再把它们相加要简单得多！这就是乘法分配律在同时包含一级运算和二级运算的算式中的妙用。

不过上面仅仅是最简单的运用方式，还有更多题型，我们并不能一眼看出其中的奥妙，这又该如何是好呢？

请看下面的算式，尝试用巧算的方法解决。

1.　$36 \times 14 + 54 \times 24$

2.　$39 \times 12 + 26 \times 32$

3.　$14 \times 48 - 16 \times 12$

如果你找不到思路，你可以接着往下看。

我们以算式 1 举例，整理一下思路。虽然在 36、14、54、24 之间没有发现明显的公因数，但如果你的数感还不错，就会挖掘到这样的数量关系：

$36=18 \times 2$，$54=18 \times 3$.

然后就可以用这两个算式去代替相关的数，所以：

$36 \times 14+54 \times 24=18 \times 2 \times 14+18 \times 3 \times 24$.

根据乘法结合律：

$18 \times 2 \times 14=18 \times (2 \times 14)=18 \times 28$.

$18 \times 3 \times 24=18 \times (3 \times 24)=18 \times 72$.

原算式就可以转化成：$18 \times 28+18 \times 72$。

接下来就可以非常简单地求出结果：$18 \times 28+18 \times 72=18 \times (28+72)$ $=1\ 800$。

不过，如果你的数感足够好，经过上面的提示，对于算式 1 还会有新的想法。

因为 $36=12 \times 3$，$24=12 \times 2$，所以算式可以转化成：

$12 \times 3 \times 14+54 \times (12 \times 2)$

$=12 \times (3 \times 14)+54 \times 12 \times 2$

$=12 \times (3 \times 14)+12 \times (54 \times 2)$

$=12 \times 42+12 \times 108$

$=12 \times 150$

$=1\ 800$.

接下来，请把算式 2 和 3 也按照类似的方法完成吧。

下面公布完整的计算过程：

算式 2：$39 \times 12+26 \times 32$

$=13 \times 3 \times 12+13 \times 2 \times 32$——把 39 和 26 进行拆分；

$=13 \times (3 \times 12)+13 \times (2 \times 32)$——乘法结合律；

$=13 \times 36+13 \times 64$——计算出括号内的乘积；

$=13 \times (36+64)$——乘法分配律；

=13×100——计算出括号内的和；

=1 300.

算式3：14×48−16×12

=14×(16×3)−16×12

=14×16×3−16×12

=16×(14×3)−16×12

=16×42−16×12

=16×30

=480.

如果你的思路还不够顺畅，建议把算式3的计算过程像算式2那样逐步梳理出每一步的运算根据。虽然这些计算过程比较复杂，但建议你一定不要简化。只有明确每一步的计算根据，你的逻辑思维才能更加发达。

【知识总结】

乘法分配律的运用方式有很多，想要玩转乘法分配律，你需要掌握以下几种变形：

$a×(b+c)=a×b+a×c.$

$a×(b−c)=a×b−a×c.$

$a×b+a×c=a×(b+c).$

$a×b−a×c=a×(b−c).$

$a×b+a×c−a×d=a×(b+c−d).$

$a×(b+c−d)=a×b+a×c−a×d.$

当然，上面的几条公式只是最基本的形式，随着后续经验的积累，你还要自己总结出更多的公式变形。

【家庭挑战】

请完成以下算式，能巧算的尽量巧算。

1．$47 \times 16 + 42 \times 94$

2．$34 \times 26 + 51 \times 16$

3．$43 \times 140 + 86 \times 430$

4．$2\ 024 \times 20\ 252\ 025 - 2\ 025 \times 20\ 242\ 024$

5．$20\ 242\ 025 \times 20\ 252\ 024 - 20\ 242\ 024 \times 20\ 252\ 025$

6．$0.625 \times 895 - \dfrac{5}{8} \times 295 + 60 \times 3.75$

提示：5 中，$20\ 242\ 025 = 20\ 242\ 024 + 1$。

【能力拓展】

如果你已经学习了分数运算，请看下面的问题。

1．小明发现乘法分配律不仅适用于带有乘号的四则运算，对于除法也同样适用。

比如要计算 $(63+56) \div 7$，可以这样算：$(63+56) \div 7 = 119 \div 7 = 17$；还可以这样计算：$(63+56) \div 7 = 63 \div 7 + 56 \div 7 = 9 + 8 = 17$。

它们能得到相同的结果，于是我们就有了"除法分配律"。

然而当小明在某次数学考试中使用了"除法分配律"的时候，却发生了计算错误：

$36 \div (9+3) = 36 \div 9 + 36 \div 3 = 4 + 12 = 16.$

你知道这是为什么吗？请试着说明原因。

2．请依照题目 1 中的公式完成以下各题。

（1）$165 \div 26 - 15 \div 26 + 110 \div 26$

（2）$1 \div 7 + 2 \div 7 + 3 \div 7 + 4 \div 7 + 5 \div 7 + 6 \div 7$

（3）$\dfrac{1}{48} \div \left(\dfrac{1}{2} + \dfrac{1}{3} - \dfrac{11}{24} + \dfrac{7}{48} \right)$

提示:（3）可以先把它的倒数用相关公式求解,然后再进行一次倒数的求解:

$$\left(\dfrac{1}{2} + \dfrac{1}{3} - \dfrac{11}{24} + \dfrac{7}{48} \right) \div \dfrac{1}{48} = \dfrac{1}{2} \div \dfrac{1}{48} + \dfrac{1}{3} \div \dfrac{1}{48} - \dfrac{11}{24} \div \dfrac{1}{48} + \dfrac{7}{48} \div \dfrac{1}{48}$$

【家长小提示】

1.对于初学四则运算和对运算原理掌握不够扎实的孩子，一定不能跳步计算。具体可以参见【亲子挑战】中的求解过程，确保孩子理解每一步的依据，这样才能真正掌握了算式变形的核心逻辑。

2.乘法分配律很容易被滥用，要区分它在除法算式中的两种运用方式：

$(a+b)÷c=a÷c+b÷c$，这是正确的变形；

而 $a÷(b+c)=a÷b+a÷c$ 却是明显不成立的，需要避免！

3.灵活运用乘法分配律对于数感有着较高的要求。我们在寻找最优解法的过程中，能极大程度地锻炼数感，建立并强化逻辑思维能力。因此，建议让孩子有意识地积累一些有用的数对，比如57是19的倍数、91是7和13的倍数、68是17的倍数等，这些数对对于计算速度和准确性的提升非常有帮助。

第十一章　数感大爆炸

你知道吗，其实数感的提升是一个螺旋式上升的过程。随着我们不断地深入学习，我们对于很多原有的知识会有不一样的认识。特别是当你学习了分数和小数计算之后，你对于运算的理解将会升级到全新的层次。在这一章，你将体验到一次振奋人心的"数感大爆炸"！

第一节　重新认识整数巧算

通过之前的学习，你可能已经发现，很多整数的运算都是有窍门的。计算，绝不仅仅是列竖式那么简单！像 5×62、15×18 这样的算式，你其实完全有能力瞬间说出答案。本节内容可能会颠覆你的认知。

【亲子探索】

请你和家人计算下面一组算式，并观察算式的结果。

1. 5×8 　　　　2. 12×5 　　　　3. 46×5

你有什么发现吗？又该如何快速计算下面这些算式呢？

4. 18×5 　　　　5. 5×28 　　　　6. 5×48

7. 128×5 　　　　8. 264×5

再给你一些提示：

1. $5 \times 8 = 40$ 　　　2. $12 \times 5 = 60$ 　　　3. $46 \times 5 = 230$

我们似乎得到了一个规律：一个偶数与 5 相乘，计算结果是这个数的一半，后面再加一个零。

利用这个规律，后面的五个小题就会算得非常快！

4. $18 \times 5 = 90$ 5. $5 \times 28 = 140$ 6. $5 \times 48 = 240$

7. $128 \times 5 = 640$ 8. $264 \times 5 = 1\,320$

当然，要得到以上结论，运用第七章的知识就能解决。

但如果你已经学习了分数或者小数，对于一个数乘 5 的运算，就还有新的理解方式。以 5×16 举例，这个算式可以这样转化：

$$5 \times 16 = 0.5 \times 10 \times 16 = 0.5 \times 16 \times 10 = \frac{1}{2} \times 16 \times 10.$$

看到了吗？$\frac{1}{2} \times 16$ 表示的是 16 的一半，而后面乘 10 就意味着在上一步的结果后面再补一个零。

不过这只是对于偶数乘 5 的情况，那如果是任意整数与 5 相乘呢？

比如 17×5，虽然 17 是奇数，但是它与 5 的乘积可以这样变形：

$$17 \times 5 = 17 \times 0.5 \times 10 = 17 \times \frac{1}{2} \times 10$$

所以 17×5，可以先求出 17 的一半，然后再乘 10。因为 17 的一半是 8.5，最后的计算结果就是 85。

上面的推导其实经历了一个从整数运算到分数运算的变形过程，对于一些有趣的数对，我们就可以按照这样的方式进行转化。

比如你已经熟悉过的：

$$25 \times 4 = 100.$$

$$125 \times 8 = 1\,000.$$

类比刚才的思维过程，我们会从 $\times 25$、$\times 125$ 这样的算式中，发现什么规律呢？

【知识总结】

1. 当我们计算 $\times 5$、$\times 25$、$\times 125$ 这样的算式时，可以这样进行转化：

$32 \times 5 = 32 \times \dfrac{1}{2} \times 10 = 160.$

$32 \times 25 = 32 \times \dfrac{1}{4} \times 100 = 800.$

$32 \times 125 = 32 \times \dfrac{1}{8} \times 1\,000 = 4\,000.$

2. 当我们计算一个数与 5、25 或者 125 的倍数的乘积时，可以巧算。比如对于 ×15、×75、×375、×625 这样的算式，可以通过将相关数组进行拆分从而实现巧算。

$32 \times 15 = 32 \times \dfrac{1}{2} \times 10 \times 3 = 16 \times 3 \times 10 = 480.$

$32 \times 75 = 32 \times \dfrac{1}{4} \times 100 \times 3 = 8 \times 3 \times 100 = 2\,400.$

$32 \times 375 = 32 \times \dfrac{1}{8} \times 1\,000 \times 3 = 4 \times 3 \times 1\,000 = 12\,000.$

$32 \times 625 = 32 \times \dfrac{1}{8} \times 1\,000 \times 5 = 4 \times 5 \times 1\,000 = 20\,000.$

3. 如果你已经知道了倒数的概念，你的计算思维就能得到进一步的升级。请记住以下这些常用的倒数组合吧，它们都是你的宝箱钥匙。

$5 \times 0.2 = 1.$

$25 \times 0.04 = 1.$

$125 \times 0.008 = 1.$

$0.75 \times \dfrac{4}{3} = 1.$

$0.375 \times \dfrac{8}{3} = 1.$

这样，当我们计算一些原本复杂的除法算式时，就可以通过倒数进行转化。

$7\,000 \div 125 = 7\,000 \div (1 \div 0.008) = 7\,000 \div 1 \times 0.008 = 7\,000 \times 0.008 = 56.$

$1\,800 \div 25 = 1\,800 \div (1 \div 0.04) = 1\,800 \div 1 \times 0.04 = 1\,800 \times 0.04 = 72.$

$60 \div 0.75 = 60 \times 1 \div 0.75 = 60 \times (1 \div 0.75) = 60 \times \dfrac{4}{3} = 20 \times 4 = 80.$

$36 \div 0.375 = 36 \times 1 \div 0.375 = 36 \times (1 \div 0.375) = 36 \times \dfrac{8}{3} = 12 \times 8 = 96.$

上述过程是你在初次接触倒数法巧算时,大脑中的思维过程。在实际计算中,你只需记住:除以一个数,等于乘这个数的倒数。

上面的各个算式可以这样简化:

$7\,000 \div 125 = 7\,000 \times 0.008 = 56.$

$1\,800 \div 25 = 1\,800 \times 0.04 = 72.$

$60 \div 0.75 = 60 \times \dfrac{4}{3} = 20 \times 4 = 80.$

$36 \div 0.375 = 36 \times \dfrac{8}{3} = 12 \times 8 = 96.$

你学会了吗?

【家庭挑战】

1. 对于同一个算式,运用不同的数学思想,就会有不同的解法。比如刚才的算式 $7\,000 \div 125$,除了倒数法以外,其实还有很多方法可以用来巧算:

方法二:倍数法

$1\,000 \div 125 = 8$,$1\,000$ 里面有 8 个 125,所以 $7\,000$ 里面就有 7×8 个 125,

$7\,000 \div 125 = 7 \times 8 = 56$

方法三:商不变的性质

$7\,000 \div 125 = (7\,000 \times 8) \div (125 \times 8) = 56\,000 \div 1\,000 = 56$

或 $7\,000 \div 125 = 7 \div 0.125 = 7 \div \dfrac{1}{8} = 7 \times 8 = 56$

请你挑战用不同方法完成下面的算式。

（1）$1\,800 \div 25$　　　　　　　　（2）$60 \div 0.75$

（3）$36 \div 0.375$

2. 请运用本节课的知识,完成下面的巧算,然后再用常规竖式方法进行检验,仔细体会变形的过程。

（1）68×5　　　　　　　　　　（2）96×25

（3）$48 \div 25$

（4）$15 \div 375$

（5）64×125

（6）$82 \div 125$

（7）24×375

（8）$48 \div 37.5$

提示：在转化过程中，直觉范围法可以进行辅助。

比如 $36 \div 37.5$，由于 36 是略小于 37.5 的数，所以它们的商应该是一个略小于 1 的数。因此为了计算 $36 \div 37.5$，我们可以由 37.5 联想到 0.375，即 $\frac{3}{8}$，

$36 \div \frac{3}{8} = 36 \times \frac{8}{3} = 12 \times 8 = 96$，再根据刚才判断的结果范围，我们就能直接得出 $36 \div 37.5 = 0.96$。

【能力拓展】

关于整数的运算，其实还有很多方法，在此给出两个变形，请利用这些规律完成后面的计算：

$$a \times 12 = a \times 1.2 \times 10 = a(1 + 0.2) \times 10 = \left(a + \frac{a}{5}\right) \times 10.$$

$$a \times 15 = a \times 1.5 \times 10 = a(1 + 0.5) \times 10 = \left(a + \frac{a}{2}\right) \times 10.$$

1. 75×12

2. 35×12

3. 12×45

4. 8×15

5. 15×16

6. 28×15

【家长小提示】

1. 要想进一步提升数感，一定要让孩子学会思考，注重观察规律；体会底层逻辑；学会运用规律这三个环节。

本节课围绕这三个环节进行了展开，需要让孩子将这个过程内化于心。

2. 关于整数的运算技巧还有很多很多，因篇幅限制，我没有在本节中继续展开。孩子需要在今后的学习生活中亲自去挖掘、去积累，做个有心人，这才是提高数学能力的根本途径。

3．很多题目其实有不同的计算方法。比如 18×15，

第一种方法：$18 \times 15 = 18 \times 5 \times 3 = 18 \times \dfrac{1}{2} \times 10 \times 3 = 90 \times 3 = 270$。

第二种方法：$18 \times 15 = 18 \times 1.5 \times 10 = (18 + 18 \times \dfrac{1}{2}) \times 10 = (18 + 9) \times 10 = 270$。

第三张方法：$18 \times 15 = 9 \times 30 = 270$。

虽然方法不同，但它们都得到了相同的结果。在实际运算中，针对同一个算式，家长可以多和孩子沟通探讨，碰撞出更多的计算思维，增进他对于运算的理解。

第（二）节　奇妙的循环小数

任意一个小数，该如何转化成分数呢？我说的可不是像 0.23 这样的有限小数，而是像 $0.2\overset{..}{3}$ 这样的无限循环小数！通过这一节，相信你的想象力会插上翅膀。让我们一起来探索吧！

【亲子探索】

不通过具体计算，直接判断下面的分数哪些能化成有限小数，哪些只能化成无限循环小数。

1. $\dfrac{3}{5}$　　　　　2. $\dfrac{1}{9}$　　　　　3. $\dfrac{2}{3}$

4. $\dfrac{1}{8}$　　　　　5. $\dfrac{13}{5}$

下面公布答案：

1、4、5 能化成有限小数；2、3 能化成无限循环小数。你答对了吗？可以和家人一起分享你是怎样判断出来的。

其实很简单，要判断某个分数是否能化成有限小数只须观察它的分母就可以了。在既约分数（分子与分母互质，该分数已经化简）的前提下，如果分母

的质因数只有 2 或 5，就能转化成有限小数。

比如：$\frac{7}{16}$、$\frac{11}{25}$、$\frac{3}{40}$，由于 $16=2\times2\times2\times2$、$25=5\times5$、$40=2\times2\times2\times5$，这些分母分解质因数之后只有 2，或者只有 5，又或者既有 2 又有 5，所以它们都能化成有限小数。

前面的题目 2 和 3，由于 $\frac{1}{9}$ 和 $\frac{2}{3}$ 的分母不符合上述要求，所以它们都能转化成无限循环小数。其中，$\frac{1}{9}=0.\dot{1}$，$\frac{2}{3}=0.\dot{6}$。

观察上面的两个循环小数，它们有什么共同特点呢？你可能已经注意到了，$0.\dot{1}$ 和 $0.\dot{6}$ 都是一位循环小数，它的循环节只有一个数字。更有趣的是，$0.\dot{6}$ 是 $0.\dot{1}$ 的 6 倍，所以我们并不难推测：它们对应的分数 $\frac{2}{3}$ 也应该是 $\frac{1}{9}$ 的 6 倍。

$\frac{1}{9}\times6=\frac{6}{9}=\frac{2}{3}$，我们的推论果然没错！

通过刚刚的过程，你有什么新收获呢？

对了！只要一个小数的循环节是一位数字，它都可以借助于 $\frac{1}{9}$ 进行从小数到分数的转化。比如：

$$0.\dot{2}=2\times0.\dot{1}=2\times\frac{1}{9}=\frac{2}{9}.$$

$$0.\dot{3}=3\times0.\dot{1}=3\times\frac{1}{9}=\frac{3}{9}=\frac{1}{3}.$$

$$0.\dot{4}=4\times0.\dot{1}=4\times\frac{1}{9}=\frac{4}{9}.$$

$$0.\dot{7}=7\times0.\dot{1}=7\times\frac{1}{9}=\frac{7}{9}.$$

$$0.0\dot{2}=0.1\times0.\dot{2}=0.1\times2\times0.\dot{1}=0.2\times0.\dot{1}=\frac{2}{10}\times\frac{1}{9}=\frac{2}{90}.$$

…………

【知识总结】

将循环节是一位的小数转化成分数只需以下两步：第一步，将该循环小数进行拆分，挑出其中的循环节；第二步，把该循环小数各个部分都表示成分数之后，进行相加。

举个具体例子：

$$1.6\dot{3} = 1 + 0.6 + 0.0\dot{3} = 1 + \frac{3}{5} + 0.1 \times 3 \times 0.\dot{1} = 1 + \frac{3}{5} + \frac{1}{30} = 1\frac{19}{30}.$$

准备好迎接挑战了吗？

【家庭挑战】

1. 请把下面的无限循环小数转化成分数。

（1）$0.\dot{8}$　　　　　　　　　　（2）$1.\dot{2}$

（3）$1.0\dot{6}$　　　　　　　　　　（4）$1.25\dot{3}$

2. 请将以下分数转化成无限循环小数，你有什么神奇的发现呢？

（1）$\dfrac{1}{99}$　　　　　　　　　　（2）$\dfrac{1}{999}$

请利用你的发现，将以下循环小数转化成分数。

（3）$0.\dot{2}\dot{3}$　　　　　　　　　　（4）$1.5\dot{1}$

（5）$0.\dot{1}2\dot{7}$

提示：$\dfrac{1}{99} = 0.\dot{0}\dot{1}$，$\dfrac{1}{999} = 0.\dot{0}0\dot{1}$

任何一个两位循环小数都可以根据它和$0.\dot{0}\dot{1}$的关系来转化成分数，取决于它是$0.\dot{0}\dot{1}$的多少倍，具体方法参考一位循环小数；同理，任何一个三位循环小数也可以根据它和$0.\dot{0}0\dot{1}$的关系转化成分数。

【能力拓展】

要把循环小数转化成分数，还可以利用方程思想。

要把$0.\dot{2}\dot{3}$转化成分数，可以按照以下几个步骤进行：

第一步，设 $x=0.\dot{2}\dot{3}=0.232\,323\,23\cdots$；

第二步，$100 \times x=100 \times 0.\dot{2}\dot{3}=100 \times 0.232\,323\,23\cdots=23.\dot{2}\dot{3}$；

第三步，将第二步和第一步的结果作差：$99 \times x= 23.\dot{2}\dot{3}- 0.\dot{2}\dot{3}=23$；

第四步，$x = 23 \div 99 = \dfrac{23}{99}$。

请自行体会上述推导过程，并利用这一思想将下面的循环小数转化成分数。

1. $0.\dot{6}$

2. $1.2\dot{4}$

3. $0.\dot{6}\dot{3}$

4. $2.\dot{1}2\dot{8}$

【家长小提示】

1. 在不计算的前提下，能否快速判断出一个分数能否转化成有限小数是数感强弱的直接体现。这个过程的关键在于对 2 和 5 的整数幂的熟练掌握，这同时也是解决很多计算问题的基础。在生活中，建议经常以游戏比赛的形式，鼓励孩子多思考相关问题。

2. 把循环小数转化成分数，并不是课堂的硬性要求。本节的设计目的意在让孩子体会更深层次的数学思想，而不只是机械地使用公式。要体会不同转化方法背后的底层逻辑，才能让思维能力得到最大程度的锻炼。

3. 【能力拓展】中介绍的方法体现了方程思想的运用，利用它解决问题的关键是通过把某个循环小数放大到 10、100、1 000 等倍数，通过作差将后面的循环小数消掉。而 10、100、1 000 与 1 的差分别是 9、99、999，这是本节内容的核心方法。这一关联需要引导孩子自行领悟，感受数学的奇妙。

第三节 重磅分数线

小小分数线，不仅仅是分数运算的灵魂，在乘除法混合运算和以乘除混合运算为主的四则运算中，也发挥着重要的作用。通过本节内容的学习，你的认知将再次得到升级。

还记得如何给复杂乘除混合运算去括号吗？现在请试着从全新的角度来重新思考吧！

【亲子探索】

请和你的家人来一场比赛，看谁算得又快又对。

1. $45 \times 8 \div (18 \div 7) \times (6 \div 21) \div (8 \div 15)$

2. $12 \div 56 \times 70 \div 3$

根据第十章的乘除法混合运算去括号知识，相信你也完成了下面的推导过程：

1. 原式 $=45 \times 8 \div 18 \times 7 \times 6 \div 21 \div 8 \times 15$

　　　　$=360 \div 18 \times 7 \times 6 \div 21 \div 8 \times 15$

　　　　$=20 \times 7 \times 6 \div 21 \div 8 \times 15$

　　　　$=140 \times 6 \div 21 \div 8 \times 15$

　　　　$=840 \div 21 \div 8 \times 15$

　　　　$=40 \div 8 \times 15$

　　　　$=5 \times 15$

　　　　$=75$

2. 原式 $=12 \times 70 \div 56 \div 3$

　　　　$=840 \div 56 \div 3$

　　　　$=15 \div 3$

　　　　$=5$

要想把上面两个小题全做对，需要相当强大的计算能力。1 考察的是你对于去括号的运用理解；2 考察的是优秀的乘除法心算能力。

不过这两道小题只是常规计算而已，对于已经学习过分数运算的你来说，其实还有更加便捷的方法，这就全靠神奇的分数线了！

我们知道分数线在运算中是和除号等价的，即使是一些不包括分数线的算式，也可以通过人为构造分数线，来达到简化运算的目的。

1. 原式 $= 45 \times 8 \div \dfrac{18}{7} \times \dfrac{6}{21} \div \dfrac{8}{15}$

$$= 45 \times 8 \times \frac{7}{18} \times \frac{6}{21} \times \frac{15}{8}$$

$$= \frac{45 \times 8 \times 7 \times 6 \times 15}{18 \times 21 \times 8}$$

2. 原式 $= 12 \times 70 \times \frac{1}{56} \times \frac{1}{3}$

$$= \frac{12 \times 70}{56 \times 3}$$

接下来，你根本就不用去挨个计算每一步的具体结果，只需把熟悉的数对进行约分就可以了！

(1)
$$\frac{45 \times 8 \times 7 \times 6 \times 15}{18 \times 21 \times 8} = 15 \times 5 = 75$$

(2)
$$\frac{12 \times 70}{56 \times 3} = 5$$

怎么样，是不是觉得轻松了很多？这就是分数线的妙用！

【知识总结】

在整数乘除法运算中，如果用分数线来代替除号，一些运算将变得更加清晰，使得运算量减少。

1. 在包含括号的乘除法混合运算中，用分数表示小括号内的除法运算，将括号展开。

2. 将不包含括号的乘除混合运算的数据分为两组：一组是左边用乘号连接的数据，它们在运算中担当分子；另一组是左边用除法连接的数据，它们在运算中担当分母。

3. 把有关联的数对进行约分。

例如，要计算 $28 \times 45 \div (32 \times 9) \times (48 \div 7)$，可以分三步：

第一步，去括号；

原式 $= 28 \times 45 \div 32 \div 9 \times \dfrac{48}{7}$

第二步，加分数线；

原式 $= \dfrac{28 \times 45 \times 48}{32 \times 9 \times 7}$

第三步，约分。

$$\dfrac{\overset{4}{\cancel{28}} \times \overset{5}{\cancel{45}} \times \overset{6}{\cancel{48}}}{\underset{8}{\cancel{32}} \times \cancel{9} \times \cancel{7}} = 5 \times 6 = 30$$

好了，方法已经搞到手了，接下来就到发挥它作用的时候了！

【家庭挑战】

请利用本节知识完成下面的计算。

1. $652 \div 326 \times 16 \div (16 \div 3)$.

2. $184 \times 28 \div (69 \div 3) \times (9 \div 112)$.

3. $78\,000 \div 15 \times (63 \div 13) \div (225 \div 12)$.

4. $49 \times 156 \div 196 \div 12 \div (13 \div 9)$.

【能力拓展】

分数线对于一些除法算式也有非常重要的作用。一些算式也许你不能一眼看出结果，但可以将除法算式转变成分数，再通过约分来简化运算过程，就能让你的运算量大大减少。比如：

$$100 \div 16 = \frac{100}{16} = \frac{25}{4} = 6\frac{1}{4} = 6.25$$

请根据上面的过程，计算下列各式。

1. $1\,875 \div 25$　　　　2. $520 \div 65$　　　　3. $1\,296 \div 36$

4. $825 \div 75$　　　　5. $684 \div 36$　　　　6. $1\,080 \div 15$

7. $630 \div 35$ 8. $540 \div 45$ 9. $440 \div 55$

10. $450 \div 75$

提示：在题目 6~10 中，除数的个位数字都是 5，这一类计算还可以通过分子和分母同时扩大相同的倍数进行转化。我们拿题目 6 举例：

$$1\,080 \div 15 = \frac{1\,080}{15} = \frac{2\,160}{30} = \frac{216}{3} = 72.$$

【家长小提示】

1. 本节内容意在让孩子体会分数线和除法之间的紧密联系，并在学习分数乘除法之后，实现对于相关运算能力的升级，从而展现出思维的深度和广度。

2. 在把整数运算转化为分数运算的过程中，面对带括号的问题，首先要保证去括号的过程准确无误。比如，当括号前是用乘号连接的时候，括号里面的各个数不变号；而当括号外是用除号连接的时候，括号里的各个符号应该进行相应的变号。

3. 通过约分过程，孩子能完成又一轮的数感升级。比如 $225 \div 75 = \frac{225}{75}$，可能对于初学约分的孩子来说，只能先找到 225 和 75 的公因数是 5，通过多次约分，才能得到最终结果 3。而随着学习的深入，因为 $75 \times 3 = 225$，像 75 和 225 这样的数对即使不通过变形，孩子也能非常熟练，这也是本节的学习目的之一。引导孩子有意识积累这类数学经验，数感就会越发强大。

第四节 神奇的检查法

要判断一个数能否被 9 整除，我们只需要把它各个数位上的数字相加，看看是不是 9 的倍数就可以了。可惜绝大多数整数并不是 9 的倍数，被 9 除都是有余数的。如何快速说出任意整数除以 9 的余数是多少？这么做又有何妙用呢？

只要能学好这一节，就能一眼判断出 $32 \times 13 = 406$ 这类算式的计算错误！

掌握了这个技能，你会成为班里的纠错大王，轻松解决90%以上的计算问题。

心动不如行动，让我们一起来找出这些计算中的小错误吧！

【亲子挑战】

分别求出下列各数除以9之后的余数，并探究这些余数与其各个数位数字之和的关系。

1. 8 645	2. 945	3. 294
4. 138	5. 206	6. 843

下面公布答案：

原数	8 645	945	294	138	206	843
除以9的余数	5	0	6	3	8	6
各个数位数字之和	23	18	15	12	8	15

观察上表，你有什么发现吗？

其实不难发现，一个数除以9的余数和它各个数位数字之和有着明显的关联。

1. 当各个数位数字之和小于9时，除以9的余数和各个数位数字之和相同；

2. 当各个数位数字之和是9的倍数时，这个数能被9整除；

3. 当各个数位数字之和大于9时，除以9的余数可以通过两个方法来判断：

一是把这个数各个数位数字之和不断减9，剩下的小于9的数，就是这个数除以9的余数。例如8 645，8+6+4+5=23，23-9=14，14-9=5，所以8 645除以9的余数是5；

二是把这个数各个数位数字之和继续进行求和，直到得出小于9的数为止，最终的结果就是这个数除以9的余数，比如8 645，8+6+4+5=23，2+3=5，所以8 645除以9的余数是5。

但是在实际运用过程中，上述的几个方法都比较烦琐，有没有更为简便的判断方法呢？当然有！我们还是以8 645举例：

$8\,645=8\times1\,000+6\times100+4\times10+5$

$$=8×(999+1)+6×(99+1)+4×(9+1)+5$$

$$=8×999+6×99+4×9+8+6+4+5$$

因为 $8×999,6×99,4×9$ 都能被9整除，所以若要判断 8 645 被9除的余数，只需看后面四个数的和就可以了。8+6+4+5，我们并不需要真的把它们加在一起，4 和 5 是凑成9的数对，所以我们直接把它们俩一起甩掉，只看 8+6 就够了！

整理一下，我们可以得到这样的结论：我们判断一个数除以9的余数，可以先把各个数位上刚好能凑成9的数对（组）去掉，只把剩下的数字相加就可以了。

比如想快速说出 81 305 除以9的余数，可以先把 8 和 1 一同去掉，就只剩下 3、0、5，通过对于剩下的这三个数字简单求和就可以直接判断了。因为 3+0+5=8，所以 81 305 除以9的余数就是8。

当然，如果你的数感足够强大，也可以这样思考：1、3 和 5 刚好凑成9，所以 81 305 只剩下了 8 和 0，8+0=8，这样也能得到相同的结论。

接下来，请用这种方法，重新再求一遍上面各数除以9的余数，看看是不是简单了很多？

【知识总结】

到目前为止，相信你对于求某个数除以9的余数已经了如指掌了，接下来的内容才是本节知识的关键。

1. 两个数相加，它们的和除以9所得到的余数和这两个数分别除以9所得的余数之和有着紧密的内在联系。

证明过程如下，请你自行体会：

设一个加数为 a，$a÷9=m……n$，即 $a=9m+n$；

设另一个加数为 b，$b÷9=p……q$，即 $b=9p+q$；

则 $a+b=9m+n+9p+q=9(m+p)+n+q$。

因为在上式中，$9(m+p)$ 是9的倍数，所以 $(a+b)$ 除以9的余数应该和 $n+q$ 除以9的余数相等。

比如 816+5 036，因为 816 除以 9 的余数是 6，5 036 除以 9 的余数是 5，所以 816+5 036 的计算结果除以 9 的余数应该与 5 + 6 的和除以 9 所得的余数一致。5+6=11，而 11 除以 9 所得的余数可以通过 1+1 来求，1+1=2，因此通过这两个加数可以直接判断出：816+5 036 的和除以 9 的余数应该是 2。

如果你的计算结果是 5 842，除去能凑成 9 的数字 5 和 4 以外，剩下的数字是 8 和 2，因为 8+2=10，1+0=1，这就说明 5 842 除以 9 的余数是 1，而不是 2，就能一眼看出计算发生了错误。

2. 两个数相乘，它们的积除以 9 所得到的余数和这两个数分别除以 9 所得的余数之积有着紧密的内在联系。

证明过程如下，请你自行体会：

设一个乘数为 a，$a\div9=m\cdots\cdots n$，即 $a=9m+n$；

设另一个乘数为 b，$b\div9=p\cdots\cdots q$，即 $b=9p+q$；

则 $a\times b=(9m+n)\times(9p+q)=9(9mp+mq+np)+nq$。

因为在上式中，$9(9mp+mq+np)$ 是 9 的倍数，所以 $a\times b$ 的积除以 9 的余数应该和 nq 除以 9 的余数相等。

比如 32×13，因为 32 除以 9 的余数是 5。13 除以 9 的余数是 4，所以 32×13 的计算结果除以 9 的余数应该与 5×4 的积除以 9 所得的余数相一致。$5\times4=20$，$2+0=2$，所以通过这两个乘数可以直接判断出：32×13 除以 9 的余数也应该是 2。而在本节的开篇，$32\times13=406$，4+0+6=10，1+0=1，这就说明 406 除以 9 的余数是 1，而不是 2，显然发生了错误。

另外，由于减法是加法的逆运算，除法是乘法的逆运算，所以它们都可以通过这样的方法来反推。换句话说，只要你有了这个方法，就能轻而易举地发现很多计算上的错误！

【家庭挑战】

快速判断对错，并说出你的理由。

1．28×16=458

2．3 876−1 468=2 308

3．542×23=12 566

4．74×29=2 164

5．196+2 081=2 177

【能力拓展】

上述判断方法不仅可以运用于整数计算，对于小数计算的纠错也有着神奇的威力。请试着用这个方法判断以下算式是否正确。

1．1.2×8.6=10.22.

2．1.08+0.65=1.62.

3．14.34÷8.9=1.6.（这是精确值，而不是近似值）

4．6.07×0.98=5.9386.

提示：可以先把小数点忽略不计，直接用整数运算规律去判断。

【家长小提示】

1．为了能够更轻松地使用这种纠错方法，需要让孩子注重积累凑成 9 的数对，可以自行分类整理，下面是一些参考。

两个数字的组合：1 和 8、2 和 7、3 和 6、……

三个数字的组合：1,1,7、1,2,6、1,3,5、1,4,4、……

四个数字的组合：1,1,1,6、1,2,2,4、……

2．关于被 9 除的余数的应用，并不能看出所有的计算问题。比如 12×16 =129，虽然 12 被 9 除的余数是 3，16 除以 9 的余数是 7，3×7=21，2+1=3，129 除以 9 的余数也是 3，但是这个结果仍然是错误的。在运用过程中，需要把这种方法和其他方法相结合，例如个位数字判断法（见本书第六章）。值得注意的是，通过这种方法，即使没有发现计算错误，也并不一定就意味着结果绝对正确，要让孩子体会这一点。

第（五）节　一题多解

众所周知，很多应用大题是可以一题多解的。可是你知道吗？其实大多数的小计算题也都可以一题多解，每种解法往往运用到的是不同的知识板块的内容。在尝试寻求更多解法的过程中，你的数感将会全面升级。一旦体验到一题多解的快乐，你会发现，计算题其实就像一团橡皮泥，你可以用奇思妙想把它揉捏成不同的形状，这整个过程充满了创意与乐趣！

【亲子探索】

请你和家人来做个游戏，计算：15×16。大家要集思广益，比比谁的方法最多，谁的思路最广。

以下是赛赛老师想出的一些方法，供大家参考。

方法一：

要计算 15×16 的结果，可以通过竖式来解决。虽然这是比较传统的方法，运算量比较大、运算过程比较复杂，你也一定要会做！

$$
\begin{array}{r}
1\,5 \\
\times\ 1\,6 \\
\hline
9\,0 \\
1\,5 \\
\hline
2\,4\,0
\end{array}
$$

方法二：

在第四章我们就介绍了两位数乘一位数的心算，所以利用心算法则，可以直接进行口算：$15 \times 16 = 15 \times 10 + 15 \times 6 = 150 + 90 = 240$.

方法三：

根据积不变的性质，我们知道要计算两个数的乘积，一个数乘以几（一个非零数），另一个数同时除以几，它们的乘积不变。所以，$15 \times 16 = 30 \times 8 = 240$.

当然，运用积不变的性质，你还可以这样变形：$15 \times 16 = 60 \times 4 = 240$.

但是不管怎样，它的核心思想都是一样的。

方法四：

一见到 15 这个数，不知你有什么联想呢？反正我想到了一刻钟，15 分钟，我们又称作一刻钟。一个小时是由 4 个一刻钟组成，所以 $15 \times 4 = 60$。

有了这个铺垫，我们就可以更加快捷地解决这个问题。

每 4 个 15 都能组成一个 60，16 里面有 4 个 4，所以 15×16 就是 60 的 4 倍，也能得到 240。用算式表示就是：$15 \times 16 = 15 \times (4 \times 4) = 15 \times 4 \times 4 = 60 \times 4 = 240$.

瞧，还用上了乘法结合律！

方法五：

15 真是一个神奇的数，它既能让我们联想到时间，还可以联想到角度。如果我没有猜错，那些 30°、45°、60° 的直角三角板就在你的文具袋里，它们之间相差 15°。

而且它们和 15° 之间还有一个微妙的关系，那就是：$30 = 2 \times 15$；$45 = 3 \times 15$；$60 = 4 \times 15$；

这些数据都是可以为我们所用的。所以这个算式还可以这样转化：

$15 \times 16 = 15 \times (2 \times 8) = 15 \times 2 \times 8 = 30 \times 8 = 240$.

或者

$15 \times 16 = 15 \times (4 \times 4) = 15 \times 4 \times 4 = 60 \times 4 = 240$.

虽然这两个算式和方法四相同，但是你的切入点又并不完全一致，是不是很有意思？

方法六和方法七：

如果你认真学习了本章第一节的内容，就能想到 15× 某个整数的两种巧算方法。

第一种：$15 \times 16 = 1.5 \times 10 \times 16 = 1.5 \times 16 \times 10$.

那么 1.5×16 表示什么呢？

或许你答对了～它可以表示成 $1 \times 16 + 0.5 \times 16$，也就是 16 与它自身一半的和，这样就能直接得到 $1.5 \times 16 = 16 + 8 = 24$，因而结果就是 240。

第二种：$15 \times 16 = 5 \times 3 \times 16 = 5 \times 16 \times 3 = 0.5 \times 10 \times 16 \times 3 = 0.5 \times 16 \times 3 \times 10$.

也就是说为了求出 15 与 16 的乘积，我们首先可以求出 16 的一半是 8，然后用 8×3 得到 24，然后再乘 10 就可以了。

方法八：

还记得几十五的平方怎么求吗？在第七章第一节，"首相同尾合十"的特例中，我们介绍过这种巧算方法。

15×16 虽然不用直接套用这个公式，但是 15×15 却可以轻而易举直接说出结果是 225。

15×16 表示 16 个 15，它比 15×15 多一个 15，所以这个算式可以这样转化：15×16=15×15+15=225+15=240.

方法九：

既然可以通过 15×15 来求解，你想没想过可以通过其他平方数来过渡呢？对，16×16。

不过 16×16 是多少呢？如果你之前乖乖背过二十以内的平方，这个问题肯定难不倒你。更重要的是，像 2，4，8，16，32，64 这样的一组数，它们的排布非常有规律，后面的数总是紧挨着它前面数的 2 倍，我建议你把前十个数都记下来，它们都是二进制的重要组成元素：2，4，8，16，32，64，128，256，512，1 024.

通过观察，你会发现 16 和 256 都在里面。所以能得到：15×16=16×16−16=256−16=240.

方法十：

方法八和方法九都用到了乘法分配律，可别忘了，其实你还可以用减法的形式进行展开：15×16=15×（20−4）=15×20−15×4.

而 15×20 和 15×4 都是我们所熟知的，这样很快就能直接得到答案：15×16=300−60=240.

方法十一：

既然想到了"首相同尾合十"，其实这个算式还可以通过 14×16 来进行转化：15×16=(14+1)×16=14×16+16。

而 14×16，你完全可以运用我们之前学过的方法（见右图）：

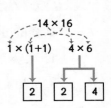

因此 $15 \times 16 = 224 + 16 = 240$。

方法十二：

巧用分数转化，比如你看到了 15 首先想到了 1.5，而 $1.5 = \frac{3}{2}$，所以 $15 \times 16 = \frac{3}{2} \times 16 \times 10 = 24 \times 10 = 240$。

又或是你看到了 16 就想到了 1.6，而 $1.6 = \frac{8}{5}$，所以 $15 \times 16 = \frac{8}{5} \times 15 \times 10 = 24 \times 10 = 240$。

这种约分的感觉是不是很快乐？

看吧，一个简单的算式竟然有这么多种计算方法！这仅仅是我所想到的方法，聪明的你一定有更多更好的思路吧。在这个过程中，你的思维就得到了充分的训练。

【知识总结】

计算的一题多解有许多种方法，我们在思考过程中，要注重每一种思路背后的底层逻辑，想想什么情况下用怎样的计算策略更为简便。

下面的几种方法可作为参考。

1. 竖式法：顾名思义，就是简单列竖式。

2. 心算法：用口算的方式解决，参考第四章。

3. 模型法：通过一些我们熟知的公式或者模型进行转化。

4. 拆解法：把算式中的某个数或某几个数进行拆解。

5. 迁移法：联想到一些其他模型，比如钟表、角度等，通过它们之间潜在的数量关系进行转化。

【家庭挑战】

请尝试用不同方法计算以下各式，看谁的思维运用得最充分。

1. 7.5×12

2. $100 \div 16$

3. $180 \div 5$

4. 95×4

【能力拓展】

在计算过程中，要有意识地去积累有趣的数对，它们都会成为你数感的源泉。比如 7.5–6.75=0.75，通过这个算式，我们能够挖掘到许多有趣的数量关系。

比如：因为 7.5=0.75×10，0.75=0.75×1，所以 6.75=0.75×9。再比如：因为 6.75 是 0.75 的 9 倍，所以 675 能被 9 整除。

请计算下列各式，并尽你所能地去挖掘这些算式背后的运算逻辑。

1．48–9.6   2．56×101   3．1 710+171

【家长小提示】

1．在计算中尝试一题多解，可以有效拓展孩子的解题思路。每种解法背后是数学思维的延伸，在寻求不同解法的过程中，要注重深入挖掘底层逻辑，思考怎样的情况下才能巧算，避免机械地使用公式。

2．一题多解并不意味着每道题都要占用大量时间去思考不同解法，也不是每道题都适合一题多解。家长要让孩子有选择性地限量完成，比如每周选择一道题目进行一题多解，这样的积累过程对于提升数感和数学思维都非常有帮助。

3．作为本书的最终章节，虽然其中涉及的很多内容是课本中不曾提及的，但这些内容实际上都源于课本的基础知识。数学题目千变万化，但只要能将解题技巧熟练掌握并内化于心，就能以不变应万变，真正驾驭数学这门学科！

第十二章　学习数学的碎碎念

第（一）节　如何让孩子学会自省

对于每个人来说，自省都是非常重要的思维品质。一个懂得自省的孩子，不仅在学习之路上会越走越顺，更能在人生的各个阶段清晰地把握方向，少走弯路。

自省可以体现在许多方面。在生活中，通过有意识地回顾与反思我们每天做过的事、说过的话，我们可以不断完善自我，实现持续的进步。学习亦是如此，善于自省的孩子能通过阶段性的总结，及时了解自己的学习状态，这是养成自省习惯的重要一步。

那么，如何引导孩子学会自省呢？这其实也是本书的写作目的之一。数学如同一片汪洋大海，我只是从海里舀起了一瓢水，把一些我认为很重要的数学思维呈现给大家。在阅读本书的过程中，我希望家长和孩子们能从以下几个方面付诸行动，以获得更多的收获。

1. 反复研读

本书内容是对课本基础知识的升华。在学习过程中，有很多知识点需要反复研读，方能深入领会其中的底层逻辑。随着知识的积累，相信孩子对于数学的认知也是在不断升级的。

那么要如何反复研读呢？在这个过程中，我们又会得到怎样的收获呢？

在第一遍研读时，很多孩子可能只是掌握文中思维方法的三四成，初步读懂。然而，随着不断的反复研读和深入思考，他们会将本书各章节进行有意识的串联。预估两数乘积的范围时，体现的是第六章所阐述的数学原理；运用被 9 整除的数的特点进行检验时，则要结合第十一章的知识进行体会；而利用逆向思维，通过除法检查运算结果，这一过程又涉及第六章第二节【家庭挑战】中的习题。除此之外，还有一些弹性作业可以让孩子完成。

通过对这些知识点的反复琢磨，孩子会对全书的内容有更全面、深入的理解，同时他的数感也将不断地进化。

2. 反复思考

书中的很多计算题，如果孩子能从宏观的视角把它们结合起来看，就能发现更多的规律，得到更多的收获。比如第十一章第五节【能力拓展】中的这道题：

$1\,710+171=$ ？

从表面上看，其实这就是一道普通的不进位多位数加法计算题，但如果你能多思考一层，就会意识到 $1\,710$ 是 171 的 10 倍，所以 $1\,710$ 与 171 的和就相当于 171 的 11 倍。其实在学校课堂上，曾涉及过两位数乘 11 的巧算。那么多位数乘 11 又该如何进行巧算呢？

有了自主学习能力，孩子完全可以通过课外书、互联网等多种渠道掌握新的计算方式。

$$171 \times 11$$
$$1881$$

而 $1\,881$ 这个计算结果又让我们联想到第八章所提及的"对称数"。$1\,881$ 能被 11 整除，是因为奇数位的数字之和与偶数位的数字之和相等。那么是不是所有的四位数对称数都能被 11 整除呢？答案是肯定的！有了这样的经验之后，像 $\dfrac{121}{2\,772}$ 这样的数，你应该一眼就能看出它可以继续约分：$\dfrac{121}{2\,772}=\dfrac{11}{252}$。

3. 反复总结

认知升级的过程，本质上就是对既有知识的不断打破与重组。在阅读本书的过程中，为了让孩子的学习更高效，建议家长引导孩子定期进行深入总结。具体做法可以是将每一章的各个小节或者不同章的特定小节进行有机结合，以形成更为全面和深入的理解。

在本书前面的章节中，关于计算和数学思维的讨论，贯穿始终，特别强调了巧算和计算检验这两大数感培养核心。全书章节中涉及巧算的主要有第一、二、六、七、八、九、十、十一章等章节，涉及计算检验的有第一、五、六、九、十、十一章等章节。在实际运用中，需要孩子将它们融合贯通，更加得心应手。

4. 反复串联

很多孩子在学习时看似学得很快，但其实都是走马观花，并没有真正理解和掌握某些知识点。读这本书时，如果只是浮于表层的阅读而不深入探究，其实难以发挥出它的真正价值。因此，在阅读的过程中，家长应引导孩子反复思考不同板块之间的内在关联，将它们有机串联在一起。这样，孩子的认知层次才能不断提升。

比如第七章第一节的"首相同尾合十"这个概念，如果孩子能将这一节中的【亲子探索】、【知识总结】、【家庭挑战】和【能力拓展】这四个环节紧密串联，就会发现它们是环环相扣的，从"首相同尾合十"的巧算引入几十五平方的巧算，体现的是从一般到特殊的逻辑关系。进一步地，孩子还能运用辩证思维，将这种逻辑应用于平方数的判定中。比如下面这道题：

请挑出下列各数中的完全平方数。

825，6 325，5 625，9 025，4 525，625，1 625.

如果孩子真的学懂了，就会运用逆向思维推知：几十五的平方，后两位是25，千位数字和百位数字组成的数能表示成两个相邻数字的乘积。所以上面各数，只有 5 625、9 025、625 符合要求。

5. 自主思考

在学习数学的过程中，培养孩子的主动思考能力是很重要的一环。书中的某些知识板块，只是提供了基础的指导。孩子能否在这个基础上继续挖掘呢？一题多解，除了书中的解法外，孩子能否会有更多富有创意的思考呢？这种思维能力的延伸正是提升孩子数学素养的关键。

阅读同一本书，每个读者的收获和领悟却是大不相同的。假如把这本书的全部能量设定为 10 分，那么很多孩子可能只吸收了 3、5 分。但是总有一些孩子凭借他们卓越的学习能力，能全面吸收这 10 分的精华，甚至举一反三，收获 20 分！这也是我所热切期盼看到的。一旦孩子掌握了自主思考的能力，他们就能把这份能力运用到更广泛的领域，实现知识的融会贯通，受益终身！

第二节 如何让你的数学思维开花结果

这是本书的最后一部分。如果你从头到尾翻到这一页，那么恭喜，在这个过程中，相信你已经找到了学习数学的感觉。当你将本书的知识认真消化吸收之后，你的数学思维能力和数感都已经提高了一大截，甚至有能力向周围的朋友们输出智慧的火花。

在本书的最后，我还有一些学习方法分享给你。一本书的容量固然有限，但我们的学习能力却拥有无限可能。我衷心希望这本书能像一颗种子，在你的心中生根发芽，最终绽放出知识的花朵，结出丰硕的果实。

关于本书的学习，其实有三个层次：

第一层，找到思考的感觉。在这一阶段，虽然你对书中的某些问题还没有完全理解，但是你已经能感受到思考的力量。这种朦胧中的思考感，正是你思维开窍的预兆。不妨从你最感兴趣、最能理解的部分入手，再次深入研读一遍，你会发现随着思考的深入，你将会遇见别样的风景。

第二层，了如指掌。当你在数学老师布置的作业中习惯性地使用本书知识时，就表示你已然掌握了其中的精髓。从【亲子探索】到【知识总结】再到【家庭挑战】和【能力拓展】，这些内容都是层层递进的。然而，在实际运用中，你需要用自己的数学思维去重新拆分和组合这些知识点，这是一个能力飞跃的过程。

第三层，融会贯通、上下求索。在这一层次，你已经能够洞察书中每一章每一节之间的深层联系。这些知识点在你的脑海里已经编织成了一张井然有序的知识网络。即使合上这本书，你依然能清晰地描述出它的各个部分，甚至产生自己的独到见解。比如，哪些知识板块虽然分散在不同章节，但它们之间却存在着微妙的联系；哪些习题可以从更多维度进行思考；哪些内容还可以有更巧妙的出题方式……如果你有任何有趣的发现，请随时与赛赛老师分享！

通过这三个层次的学习，你已然长出了数学的翅膀，能在数学世界的天空中自由翱翔。祝愿你在数学的道路上不断前行，学有所成！